U0275464

Animal Series

MONKEY

Desmond Morris

动物不简单
第 1 辑

是猴子，不是你的穷亲戚

[英] 德斯蒙德·莫里斯 著
曾小楚 译

中信出版集团 | 北京

图书在版编目（CIP）数据

是猴子，不是你的穷亲戚 /（英）德斯蒙德 · 莫里斯著；曾小楚译 . -- 北京：中信出版社，2019.5
（动物不简单 . 第 1 辑）
书名原文：Monkey
ISBN 978-7-5086-9768-0

Ⅰ . ①是… Ⅱ . ①德… ②曾… Ⅲ . ①猴科－儿童读物 Ⅳ . ① Q959.848-49

中国版本图书馆 CIP 数据核字 (2018) 第 267067 号

Monkey by Desmond Morris was first published by Reaktion Books, London, UK, 2013 in the Animal Series.

是猴子，不是你的穷亲戚

著　　者：[英] 德斯蒙德 · 莫里斯
译　　者：曾小楚
出版发行：中信出版集团股份有限公司
（北京市朝阳区惠新东街甲 4 号富盛大厦 2 座　邮编　100029）
承 印 者：河北彩和坊印刷有限公司

开　　本：880mm×1230mm　1/32　　印　　张：6.75　　字　　数：105 千字
版　　次：2019 年 5 月第 1 版　　印　　次：2019 年 5 月第 1 次印刷
京权图字：01-2018-7847　　广告经营许可证：京朝工商广字第 8087 号
书　　号：ISBN 978-7-5086-9768-0
定　　价：198.00 元（套装 5 册）

服务热线：400-600-8099
投稿邮箱：author@citicpub.com

目录

序

我有点尴尬地回忆起自己有一次走进商店，对柜台后面那个年轻姑娘说，我的喷嘴* 被猴子咬掉了，问她是否有零件供我替换。姑娘被我吓了一跳。令人高兴的是她有零件，我很快把喷嘴装上去，这样我的汽车雨刷喷出来的水柱就不会跑偏了。

不知为什么汽车穿越野生动物园的时候，猴子总是喜欢跳到游客的车上，引起骚乱。它们什么都不放过，看到什么都要使劲拉扯一番，或者把头埋下去用牙齿咬。那一次它们咬的是我的橡皮喷嘴，就是你在车内一按按钮，就会有水柱喷向玻璃的那个地方。喷嘴又软又可以活动，是现代野生动物园里非常常见的圈养猴群最喜欢下手的目标。狒狒尤其擅长蹲下身子，用大牙齿咬住喷嘴，把它弄松后咬下来，含在嘴里咀嚼一番，吐掉，然后再转移到其他的破坏行动上去。它们以前当然干过这种事，并且知道这种东西不能吃，但是依然抵抗不了诱惑要玩弄一番。

从某种角度来说，这件小事概括了大多数人看待猴子的方式。它们本质上是一种非常淘气的动物。确实，词典里 monkeying 一词就是从“猴子”这个词来的，意思是瞎闹，或者做些淘气和愚蠢的恶作剧。

从负面来说，猴子的这种特质使它们成了具有破坏性的

* 英文中“喷嘴”与“乳头”是同一个单词 nipple，因此柜台姑娘才会被吓到。——译者注（后同）

讨厌东西。从更加正面的角度来看，这展示了它们贪玩和好奇的天性。猴子的重要性正在于此。因为地球上最贪玩和好奇的灵长类动物是人类，这点无可否认。这种好玩的天性一直延续到我们成年，成为人类成功故事的基础，并使我们成为地球上最强大的种族。没有这种贪玩好奇的天性以及永无休止的求知欲，我们永远不可能成为发明家，也永远不可能发展出惊人的技能和先进的科技。

幸运的是，我们的远祖是猴子而不是其他种类的哺乳动物。因为，几百万年来，我们从这些蹦蹦跳跳、喋喋不休、生活在树梢的聪明动物进化而来，这是一个良好的开端。它们与生俱来的探索事物的冲动成了我们复杂创新的基础，它们爱折腾的天性变成了我们对知识的苦苦追求。

我们的猿猴祖先对我们的贡献非常大。它们为我们确立了正确的道路，这条路指引着我们从树梢走向月球，有一天，还会走得更远。因此，我们应该好好地研究一下猴子。

猴子在可驾车穿越的野生动物园中。

第一章

神圣的猴子

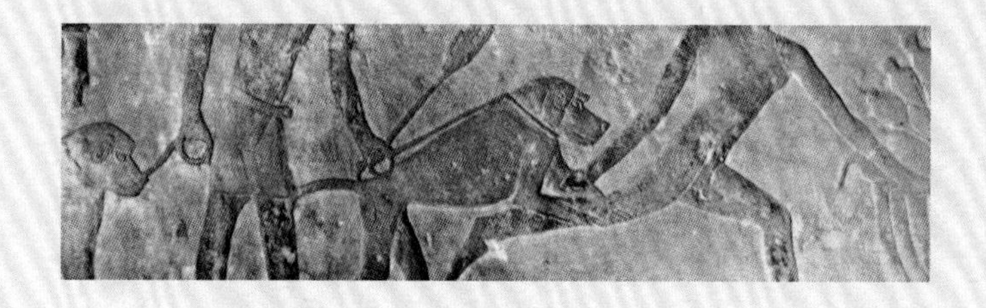

Chapter One Sacred Monkeys

在今天的西方，很难说猴子受到人们的尊敬。我们可能会对它们在树上的杂技表演感到惊叹，我们可能会欣赏它们通常引人注目的花纹和毛皮图案，它们在玩耍时，我们也可能会跟着一起笑，但是我们不会崇拜它们。事实上，我们从来也没有崇拜过它们。西方社会要么认为它们太过搞笑，不值得认真对待，要么因为它们和我们太过相似而感到不安。过去几个世纪，猴子不是跟街头的手风琴师一起，给我们带来欢乐，就是出现在讽刺人类状况的可怕漫画里。当然，达尔文则认为我们和它们之间可能确实有亲戚关系，这一令人震惊的观点使我们在看到它们时更是浑身不自在。可是，在其他文明中，人类对待猴子的态度却和我们迥然不同。[1]

在古埃及，狒狒被认为是一种神圣的生灵而受到尊重。在古印度，长尾叶猴（langur monkey）获得了近乎神圣的地位，直到今天依然受人崇拜，尽管现代印度社会对它们的抱怨越来越多。今天的巴厘岛上，有一个圣猴森林公园（Sacred Monkey Forest），那里的长尾猕猴（long-tailed macaques）被认为是一种神圣的动物，而被允许在寺庙的周围游荡。中国和日本过去有许多神猴，现在它们虽然大多失去了光环，不再受人崇拜，但是依然在东方的民间故事中扮演着重要的角色。

唯一一种据说有神力的西方猴子，是那些在直布罗陀巨

直布罗陀巨岩上具有祛邪作用的地中海猕猴。

岩（Rock of Gibraltar）上勉强生存的小群地中海猕猴（Barbary Macaques）。直布罗陀的居民有一种坚定的信仰，认为一旦岩猿（Rock Apes，他们如此称呼地中海猕猴）离开此地，将意味着英国对直布罗陀统治的终结，这块备受争议的领土将回到西班牙人手中。可是我们不能将它们视为神猴。地中海猕猴的祛邪作用和一种简单的迷信有关，它们只是一种幸运的吉祥物而已。为了找到真正的神猴，我们必须到地中海的另一侧去，从中东开始，朝着亚洲一直走到远东。

埃及：狒狒神 ——托特

在古埃及的许多艺术形式中，都出现了雄性阿拉伯狒狒（hamadryas baboon）那引人注目的身姿，从小塑像到巨大的雕像，从彩色的壁画到精美的浮雕。

它的形象通常是坐着，一身浓密的鬃毛像华美的斗篷一样，包裹着强壮的身躯。两腿之间长长的阴茎通常为勃起状态，直直地指向旁观者，展示着一种性威胁。强健的颌骨和严肃的表情加强了这一形象，使之成为无可争议的权力和生殖力的象征。难怪古埃及人对它如此敬畏。[2]

古埃及新王国时期第十八王朝法老图坦卡蒙（Tutankhamun）坟墓的狒狒神壁画。

在许多情况下，留存到现在的雕像都已经被破坏过，除去了过于显眼的阴茎。这是因为误解了其对雕塑者的意义。在他们看来，加上一条引人注目的阴茎，是展示狒狒雄性特征的重要方式。在古代，男性的性能力被认为是一种崇高的美德，因为种族繁衍是人类对神的最高义务。

相对而言，这些雕像在艺术上几乎没有什么自由发挥。事实上，它们的形象非常逼真，因为在自然界，雄性阿拉伯狒狒的身材惊人，身为后宫之王的它们披着厚厚的毛发，向敌人展示着自己的统治地位。它们同样拥有一根超长的阴茎，并且大部分时间都是骄傲地半蹲半坐着，从许多埃及古文物上可以看到这个形象。跟人类不同，狒狒的阴茎似乎没有包皮，因此人们认为这种动物生来就没有包皮。据说，照顾这些神圣狒狒的埃及祭司通过模仿这种情况，从而表达对狒狒的尊敬。人类的割礼仪式据说由此产生，后来又传到附近的部落，那里的部落民众一心想着赶超先进的埃及人。

埃及人对狒狒的阴茎怀有如此浓厚的兴趣，以至于将其作为滴漏的主要形象。他们往往雕刻一只坐着的雄性狒狒，让水从其阴茎的小洞流出来，以此来计算时间。奇怪的是，他们这么做的原因，是因为相信狒狒一小时小便一次，非常有规律。

令人意外的是，虽然古埃及人对这种大猴子非常了解，但是埃及国内却没有野生狒狒。古埃及的每一只狒狒肯定都是千辛万苦从国外运过来的。

狒狒一旦到达埃及，就会被带去寺庙，看看是否适合履行宗教义务。公元前5世纪的一份描述称，刚抵达的狒狒要经过一番奇怪的测试。祭司会在它面前放一块写字板、一支芦苇笔和一些墨水。然后等在一边，看看它是否对这些东西感兴趣。如果狒狒表现出对这些东西有兴趣，就会被认为有文化，是文书、教育和月亮之神托特（Thoth）的象征。拥有这种能力的狒狒会被安置在一间寺庙里，并享用信徒供奉的5块烤肉和美酒。

令人悲哀的是，我们通过检查它们的木乃伊发现，这种铺张浪费但却极不合适的饮食，加上缺乏适度的运动，造成了大部分狒狒神过早离世。它们过着备受保护、养尊处优的生活，但却年纪轻轻就死去。

这种神圣的角色，使它们成为宗教崇拜的关键形象。在中埃及（Middle Egypt）的阿什姆内（Ashmunein），我们依然可以看到它们受尊敬的证据。这里是托特崇拜的中心，雕塑匠接到任务，要求从一块石英岩中雕刻出4尊巨大的狒狒像来。每尊狒狒像高大约为6米，重35吨左右。它们可能是除斯芬克斯像*之外，世界上最大的动物雕像，这件事生动地展示了狒狒在古埃及人宗教观念中的重要地位。

在一些壁画和雕刻中，雄狒狒的形象是双臂前伸，手心向上，这是古代祈祷的典型姿势。人们认为，这是狒狒在向月亮致意和祈祷，以确保她会出现在天上。

黎明时分，当月亮之神托特让位给太阳之神拉（Re）时，人们认为狒狒会表演一种又唱又跳的特殊的欢迎仪式。这种异想天开的想法是有事实根据的，在野外，醒着的狒狒每次看到黎明，总是雀跃不已，又喊又叫，显得异常激动。

那些没有资格进入寺庙的狒狒，通常会成为埃及富人家

* 即埃及的狮身人面像。

位于阿什姆内的一座巨型狒狒雕像。

里的高级宠物。在今天看来，将一只危险的动物畜养在家里，这种想法似乎有点奇怪，但是古埃及人好像都是驯兽大师，操纵着各种难以驯服的野兽。他们甚至试图驯服鬣狗，虽然最后证明是误入歧途。

埃及第五王朝的一块浮雕，上面刻着一个年轻人手里牵着两只驯养的雌狒狒。

第五王朝（Fifth Dynasty）* 的一块浮雕上面刻的是，一个年轻人走在市场上，手里牵着两只戴着项圈的雌狒狒。一只走在他身后，一只小狒狒紧紧地抓着她的肚子，另一只走在他前面，手里抓着小偷的一条腿不放，这个小偷正准备偷大篮子里的食物。

跟强壮的雄狒狒相比，雌狒狒显然更适合当宠物，但它们也被赋予了神圣的含义。这其中有特别的缘故。它们可能没有雄狒狒那身威风凛凛的鬃毛，但它们的一个自身特点却吸引了埃及人的注意：雌狒狒的月经周期为一个月，因此被认为受到月亮的控制。这赋予了它们天文学上的意义，它们也被认为和月亮之神托特有关。

狒狒在埃及人的生活中如此重要，以至于死后通常会被仔细地做成木乃伊。一开始只是将它们装在木质的棺材里，后来偶尔会将它们放在石灰石的石棺里。塞加拉（Saqqara）有一个特殊的地下墓穴，埋葬着托勒密时代（Ptolemaic period）的 400 多具狒狒尸体。

* 指埃及的第五王朝（公元前 2494—前 2345 年）。

考古学家仔细研究过这些猴子木乃伊之后，发现了一个惊人的事实。这些木乃伊猴子至少有5种。除了最受青睐的阿拉伯狒狒之外，还有东非狒狒（olive baboons）、地中海猕猴、绿猴（green monkeys）和赤猴（red patas monkeys）。其他4种可能只是作为宠物喂养，是否扮演什么神圣角色就不得而知了。但是，从坟墓里面的木乃伊中鉴别出它们非常重要，因为这证明了一个事实，曾经有广大地区向古埃及人输送过灵长类动物。向尼罗河沿岸的富人运送奇异的宠物能够赚大钱，非洲地区肯定曾经广泛流传着这么一个说法。

显然，作为宠物，它们通常受到主人的宠爱，有时甚至和他们葬在一起。法老图特摩斯三世（Tuthmosis III）就和自己最喜欢的狒狒一起葬在帝王谷（Valley of the Kings）的皇家陵寝里。有些宠物的坟墓上甚至刻着它们的名字，但不是我们今天可能给猴子起的“杰科”（Jacko）或者“波波”（Bobo）这样的名字。它们的名字在我们听来非常奇怪。例如，有一只的名字叫作“它的父亲在等它”（His father awaits him），另外一只叫作“托特来了”（Thoth has come）。

从健康方面来看，木乃伊猴子的情况可谓糟透了。这些备受宠溺的动物许多都患有软骨病，说明埃及人并不了解灵长类动物的饮食需要。另一些则患有龋齿或是关节炎。在捱过了漫长而痛苦的旅程之后，这些幸存者不久将因善意的错误而丧命。

印度：神猴哈奴曼

在印度，哈奴曼（Hanuman）代表了猴子的最高声望。没有一只传说中的猴子像他一样，在神话中扮演如此高贵的角色。在印度教中，他既是神猴，又是浑身充满了勇气、希望、智慧和虔诚的高尚英雄，是力量和坚毅的象征。哈奴曼的形象和手风琴艺人身边那只可怜的小猴子没有任何相似之处，跟实验室里那些悲惨的猴子相比，也有天壤之别。哈奴曼是虔诚的印度教徒的灵感来源，他们依然将他供奉在寺庙里，为他献上特别的祭品，念着他的名字，歌颂他，赞美他。可是哈奴曼究竟是什么样的神呢？

他通常被描绘成一个成年男子，长着长尾叶猴的头和尾巴。有时候他拿着一根大锤子，以象征他的英勇，可能还有一张像画的是伟大的罗摩神（Lord Rama）在他的胸口刺青。哈奴曼的事迹就像一个猴脸超人，每次执行英雄使命时，都是腾云驾雾而去。他力大无穷，英勇无畏，而且非常敏捷，还能变大变小，可以根据需要，从一个小不点儿瞬间变成巨人。

哈奴曼的主要任务是协助罗摩神打败恶魔，他接到任务，帮罗摩找回被绑架的妻子悉多（Sita）。悉多是被邪恶而好色的楞伽城（Lanka）国王罗波那（Ravana）掳走的，为了找到她，哈奴曼一路上历经千难万险，克服了种种困难。他的英雄事迹记录在印度史诗《罗摩衍那》（*Ramayana*）一书中。

他的第一个艰巨任务，是找到一条连接印度和锡兰（Ceylon，即今斯里兰卡）之间的海上通道。他和手下的猴子从喜马拉雅山运来巨大的石块，打算修一条堤坝，连接海峡神猴哈奴曼。

的两端。大海怪试图阻止它们，但它们通过改变自己身材的大小打败了海怪。海怪提出，如果猴子想过海，就必须跳进它们的大口，从它们的身体穿过去。这个故事的某个版本中说，猴子们确实跳进了海怪的嘴里，可是接着毫无预兆地突然就把身子增大，把海怪的皮都撑破了。另一个版本说，它们变得很小很小，从海怪的耳朵眼儿里钻了进去，又从海怪张开的嘴里逃了出来。

哈努曼拿着一根大锤子。

哈奴曼率领的猴子似乎不可战胜。如果它们在战场上被杀害，一旦雨水落到它们身上，它们就又活了过来。哈奴曼最后被抓住时，邪恶的国王下令给他的尾巴点上火。尾巴被点燃之后，哈奴曼通过改变身体的大小成功逃脱，他逃走时拖着一根着火的尾巴，所到之处，整个楞伽岛都烧了起来，哈奴曼浑身是火地飞回了大陆。

又经过多次战斗，罗摩最终取得了胜利，迎回了悉多。哈奴曼可以得到任何他想要的东西作为奖赏，但他希望只要罗摩的事迹一日在人们的口中传颂，他便一日不死。这可能就是直至今天，印度叶猴仍然具有神圣地位和备受尊敬的原因。它们有着灰色的毛发，脸部和四肢为黑色，这种颜色据说是哈奴曼全身着火后留下的。

这些灰色的长尾叶猴经常成为一种严重的祸害，它们会从花园里偷取食物，掠夺果园，但是却没有人敢动它们一根手指。任何人胆敢伤害或者是杀害一只叶猴，将很容易受到愤怒的印度教徒的攻击。就连同样住在印度，数量众多且厚颜无耻的普通猕猴（rhesus monkeys）也受到了保护，因为虽然它们本身没有长尾叶猴那么神圣，但是很明显跟它们有亲戚关系，因此也沾上了一点儿它们的神秘性。

现在，叶猴的豁免权导致了一些奇怪的做法。在印度的一个地区，可以雇用驯养猴子的人，来将捣乱的野猴赶跑。没有人可以赶走入侵的猴子，因为那样意味着攻击神物，但是如果你的受过训练的猴子攻击它们，那就是猴子和猴子之间的事了，再加上一点儿横向思维，就可以声称没有人参与其中了。

从另一方面来说，假如你想报复一名讨厌的邻居，你可以寻求神猴的帮助。你只需在这个邻居的屋顶上撒些大米，然后坐下来，等着看猴子为了吃到落在缝隙里的大米，而把他的屋顶扯破。

控制神猴最奇怪的一种做法，也许是把为首雄猴身上的毛剃掉。以食物为诱饵，把为首的雄猴捕获，小心地把它身上的毛剃光，然后放它走。光溜溜的形象削弱了它的领导地位，它所统治的猴群不久就会解散。在外人看来，这种策略对于神圣的动物来说可能显得过于丢脸，可是没有一只猴子身体受到伤害，因此，即使是虔诚的印度教徒，似乎也接受了这种方法。

印度叶猴被视为神物，因此可以为所欲为。

20 世纪中叶，印度的猴子已经泛滥成灾。预计有超过 1 亿 5 千万只猴子居住在城市周围的森林里。它们造成的破坏逐年上升，官方要求控制它们的数量。结果造成了印度人之间的文化的冲突，一方致力于国家实现现代化，一方则固执地决定捍卫古老的宗教传统。

（右页图）16 世纪的一幅印度绘画，描述了玩耍的猴子们。

با لشکر خود بجزیره آمد و بیشه را خالی یافت و مملکت را از کدورت
اغیار صافی دید ، بگذشت شام نکبت و صبح طرب دمید ، کم شد خزان رنج و بهار طرب رسید
و این مثل بدان آورد تا ملک معلوم کند که اهل کینه جهت انتقام
از سر جان برخواسته اند و آنرا برای خشنودی دوستان وزنی نهاده

现代派列数了猴子犯下的种种罪行，包括抢劫店铺和厨房，偷走小贩的东西，抢夺私人物品，攻击妇女和儿童，甚至放肆地闯进国防部的办公室，撕毁文件，拿文件为交换条件，换取糖果或者几片水果。有些猴子带着机密文件逃跑，文件撒了一路。它们肆无忌惮地私闯民宅，打开冰箱，把里面的东西偷走。如果有愤怒的女人在后面追赶，据说它们会转过头来攻击她们，给她们一巴掌，或者把她们的衣服撕破。

在大吉岭（Darjeeling），有一大群神猴涌入一间女子大学，它们抓伤学生，破坏桌椅，抢走食堂的食物，毁坏学校的图书馆，还闯进教室，干扰上课。在新德里（New Delhi）东部的夏斯特里公园（Shastri Park）地区，一群猴子撒起野来，想抢婴儿，幸亏大人用棍子把它们赶跑了才作罢。在这次事件中，一共有 25 人受伤，一些孩子腿部被咬，不得不送医院。

这种神圣的灾害有时还会导致死亡。有一次它们将花盆砸向一个新德里居民的脑袋，结果把这个人砸死了。它们甚至杀死了德里的副市长。他正在驱赶闯进阳台的猴群，结果扑通一声倒在地上，死了。

虽然猴子的暴行日益增长，但是那些守旧的印度教徒却继续反对任何试图杀死猴子或者减少它们数量的努力。

问题是，随着印度人口的增长，动物赖以生存的森林正急剧减少，不可避免地有越来越多的动物被赶向城市。有些地方甚至非法捕捉野生猴子，然后卖给实验室做医学研究。幸存的猴子则逃往城市，那里没有非法捕捉，因为只要有虔诚的印度教徒在场，它们就会受到保护。据估计，有 60% 的印度马哈拉施特拉邦（Maharashtra）南杜拉（Nandura）一尊30多米高的哈努曼雕像。

印度猴子现在居住在城市或者城市的近郊。

显然，未来南亚次大陆的“猴患”问题将会加剧，迟早有一天，就连最虔诚的印度教徒也不得不同意采取措施，控制猴群的数量，否则人类将无法在城市生活。目前依然允许猴子大规模地搞破坏，正体现了哈奴曼神话的强大和深入人心。

巴厘岛：圣猴森林公园

大约 1 500 年前，从印度来的印度教徒开始抵达巴厘岛，这个位于现在印度尼西亚中部的小岛。今天，这里依然是印度教徒的聚居地，接近 90% 的人口都是穆斯林。然而，与世隔绝的地理位置，却使这里的印度教在形式上和印度本土有很大不同。

它们之间相同的一点是，都将当地的猴子视为尊贵的动物。现在，有 340 只猕猴生活在巴厘岛的印度教圣地巴淡直葛（Padangtegal）的圣猴森林公园里，它们分成 4 个互相敌对的群落，全部受到当地居民的尊重和保护。它们可以自由自在地在古老的寺庙里徜徉，西方游客来到这个神圣的地方时，会对门口的一块大布告牌感到不知所措，牌子上面用英语写着，经期妇女不得进入寺庙。猴子可以在寺庙里面随处大小便，却禁止妇女进入，这似乎有点儿不合情理，但这正是对这些动物表示尊敬的一种方式。

巴厘岛圣庙中的猕猴。

巴厘岛巴淡直葛圣猴森林公园的猕猴。

传统上认为，圣猴能够保护寺庙免受魑魅魍魉的入侵，这就是即使它们经常咬伤游客和偷吃他们的食物，但仍然必须被善待的原因。可是，如果它们离开圣猴森林，开始入侵附近的村庄和稻田，那就是另外一回事了。那时它们的地位将一落千丈，当地人会把它们视为灾害，并采取相应的措施对付它们。至于为什么可以如此对待神猴，当地人的解释是，它们“身上既有正义的一面，也有邪恶的一面”，因此它们是受人尊敬还是惹人讨厌，取决于它们所处的位置。

巴厘岛圣猴寺庙的布告牌。

中国：猴王孙悟空

中国传说中的猴王孙悟空（Sun Wukong），其诞生经过非常神奇，他是由石卵孵化而成的一只坚不可摧的石猴。玉皇大帝（Pearly Emperor）一看到孙悟空，便宣布他注定会在山巅跳跃嬉戏，在海里游泳，吃树上的野果，并为山脉增添光彩。其他猴子问他敢不敢进一个洞，那个洞直通大海。他是唯一一只敢进到洞里去的猴子，因而被其他猴子尊为美猴王。随后他开始担忧起自己有一天会死这件事来，并开始四处求仙问道。得道之后的孙悟空，任何神仙都奈何不了他，上天入地，到处闯祸，非常让人头疼。他天不怕地不怕，爱淘气惹事，而又无法制服。

中国的猴王孙悟空。

（左图）舞台表演者所使用的中国猴王造型面具。
（右图）舞台上猴王的扮演者穿的戏服。

孙悟空在四处求仙问道的过程中，学会了各种神奇的本领。他能够变身，有七十二般变化，从树到鸟，到小飞虫，无所不能。他还能腾云驾雾，一个筋斗就是十万八千里。孙悟空最喜爱的武器是一根如意金箍棒，从东海龙王那里得来，能够根据需要随意地变化大小。

最后神仙们恳求如来佛祖帮助，由于杀不死猴王，佛祖于是把他监禁起来，镇压在五指山下达500年之久。500年过后，佛祖要他保护一个和尚去西天取经，并充当和尚的向导。在取经过程中，我们发现这个猴王有两个特点——他顽皮、不听话，喜欢恶作剧，但同时也非常善良，总是帮助和尚脱离困境。

这个传说在中国流行了几个世纪，并被写进了书里，制成了戏剧、连环画、漫画、电视剧和电影。猴王诞辰的庆祝活动在中国农历的八月十六举行。一些学者认为中国的猴王和印度的哈奴曼有联系。事实上，在柬埔寨，他的名字就叫哈奴曼孙悟空（Hanuman Sun Wukong）。

过去，猴王是一个非常重要的神话人物，一些中国人将其奉为神明，这种崇拜现在在一些地方仍有残留。例如，香港就有一个供奉孙悟空的佛教寺庙。

20世纪70年代流行的电视剧中的三藏（Tripitaka）法师和猴王。

西藏：女魔和猴子

西藏有一个奇怪的信仰，认为所有的西藏人都是一个女魔和猴子结合后的子嗣。这个故事似乎有美猴王传说的影子。

这只名为帕·特雷根·强秋·森帕（Pha Trelgen Changchup Sempa）的猴子为了寻找长生不老之术，来到一个山洞。他在洞里认真地修行。有一天，山上一个名为玛·德拉·辛莫（Ma Drag Sinmo）的女魔来找猴子，要他娶她。猴子拒绝了，因为他是观音菩萨（Mother Buddha）的弟子，菩萨要他一直待在山洞里，直到悟出佛理。女魔恳求他改变主意，说如果他不娶她，整个圣洁的青藏高原将会陷入万劫不复的境地。

猴子征求了观音菩萨的意见，菩萨说，娶女魔是一桩善事，行善是一种美德。

于是他赶回来，娶了女魔，他们一共生了6只小猴子。这些猴子后来到森林里去寻找食物。三年后，他们的父亲回来找他们，发现原来的6只现在已经变成了500只。没有那么多东西给这些猴子吃，幸好观音菩萨用五谷拯救了他们。这位猴子爸爸用五谷种出了庄稼，养活了所有的猴子。随着时间的流逝，他们的尾巴逐渐变短，学会了使用工具，建房子，做衣服和说话，变成了第一批西藏人。

一只由猴头做成的带有纹饰的骷髅碗，是藏传佛教密宗的法器，用来放置供佛的祭品。

日本：三只智猿

著名的三只智猿——“勿视猿”（Mizaru）盖住了眼睛，因此看不到恶行；“勿听猿”（Kikazaru）捂住了耳朵，因此听不到恶言；“勿言猿”（Iwazaru）捂住了嘴巴，因此不说恶语——据说源于日本。公元6世纪佛教首次传到日本时，猴子已经是佛教传说中一个常见元素。从此以后，猿猴崇拜在日本越来越盛行，尤其是在从中国传入的道教古神（Taoist Koshin）仪式上，以及京都近郊比睿山（Mount Hiei）那座神道教和佛教合二为一的寺庙信众之中。比睿山主要神祇“山王”（Sanno）代表了佛教最重要的三位神——释迦（Shaka）、药师（Yakushi）和阿弥陀（Amida）——三神的存在可能是三猿主题的由来。

日本日光（Nikko）市东照宫（Tosho-gu shrine）门楣上的三只智猿雕塑（17世纪）。

人们认为，三猿一开始是刻在石柱上的，但是现在保存得最好的早期智猿形象却是日光市东照宫门楣上的 17 世纪雕刻，又称“神厩舍”（Sacred Stable），只见鲜艳的叶子将红白两色的猴子围在中间。

最近，在远东一些卖智猿小像的古玩摊上，有时会开玩笑般地增加一只智猿，这只智猿被称为“勿邪猿”——他的手放在了自己的阴茎上。

日本的猿猴崇拜在江户时期达到顶峰，但是之后便急剧衰落。即便如此，我们依然可以从寺庙、神社和古玩店的红色吉祥物上一窥圣猴崇拜的遗风。红色据说和圣猴的双重角色——既能消灾又是生育的守护神——有关。

现在的圣猴吉祥物是一个个红白相间的填充玩偶，它们的形状相当模糊，乍一看不会令人联想到猴子。这些玩偶的名字叫作“身代猿”，人们把它们挂在大门的两侧，或者是屋檐下。每一只身代猿都代表着一位家庭成员，为他们消灾除厄。有些人为了避免神灵误会，而将自己的愿望写在身代猿身上，然后再挂上去。

4 只现代智猿。

以前人们认为这些吉祥物可以驱除恶魔和邪祟，现在它们的作用更多地是消灾和帮助学生取得好成绩。妇女们则认为它们有防止不育、难产和婚姻不顺的作用。有的妇女甚至会买一种叫作 sarumata 的红色内衣，据说这种内衣很像发情期雌猴的红色屁股，穿上之后可以大大增加怀孕的概率。

从现代日本名为“身代猿”（migawari-zaru）的红色吉祥物上，依然可见圣猴的遗风。

第二章

部落中的猴子：神话与迷信

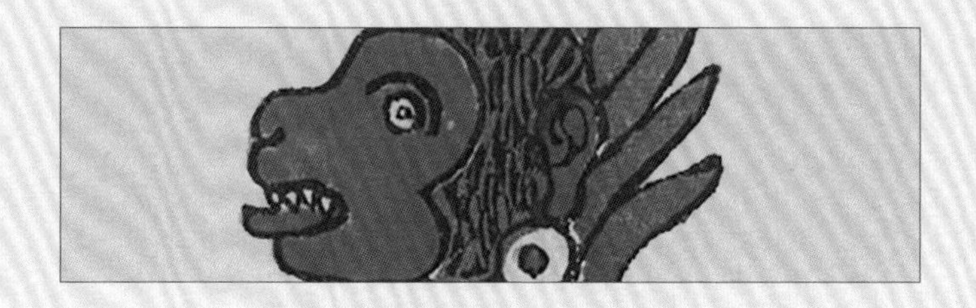

Chapter Two　Tribal Monkeys: Myths and Superstitions

一些部落，尤其是热带非洲的部落，常常会制作猴子的面具或者雕像，用于各种典礼、舞蹈和宗教仪式中。在许多部落看来，那些在高高的树上跳来跳去的野生猴子既聪明又敏捷，令人钦佩不已。部落仪式上出现的猴子通常都野性未泯，行为不羁，它们时而做出滑稽的动作，令人捧腹大笑；时而威风凛凛，令人心生敬畏；时而阴险邪恶，令人寒毛直竖。有些猴子面具用于成人礼，有些用于丰收的庆典，有些用于保护部落免受邪祟入侵，有些则用于葬礼或者为亡灵举行的仪式上。有些部落并没有雕刻猴子，而是在巫术中直接使用动物的头骨。

多冈族：非洲

多冈族（Dogon Tribe）居住在马里东南部的岩穴之中。面具舞对他们来说具有非常重要的意义，他们认为面具拥有自己的生命力。多冈人平时行为拘谨，而仪式上戴着猴子面具的舞者则热烈奔放，两者之间形成了鲜明的对比。多冈人认为，仪式上的猴子代表了危险、原始和孤僻的行为。

多冈族的猴面具有三种，它们不是以形态区分，而是以多冈人舞蹈用的白色猴面具，上面立着一只典型的猴子。

颜色区分。黑色的叫“德热”（Dege），白色的叫“阿莫诺”（Omono），红色的叫“科”（Ko）。黑色的猴子被誉为丛林中的恶棍，它们专吃庄稼，以贪吃、善变和恶毒而著称。戴上这种面具，便意味着反美学和反人性，可以随便地将正确的人类行为颠倒过来。这种面具还代表了种种令部落人民心惊胆战的神秘的魔法力量。

当舞者戴着黑色的猴面具在仪式上跳舞时，耳边会传来这样的咒语：“丑陋的丛林混蛋坐在高树之巅。你的胃里填满了水果，所有人都看着你……鼓声为你敲响。”

白猴和红猴似乎并不比黑猴好多少，它们在舞蹈中的含义是“不端的行为，例如偷窃和懒惰”。

一只使用过的博勒人的猴子雕像。

博勒部落：非洲

对于居住在西非象牙海岸（Ivory Coast）地区的博勒部落（Baule Tribe）来说，猴子的雕像有着重要的艺术地位。他们的猴像“马布拉”（Mbra）或者“格科勒”（Ghekre）是所有雕像中法力最大的，也是最可怕的。这种雕像的法力如此之大，以至于必须把它们藏起来，或者是放在丛林里，否则可能会对妇女不利。等到部落为了抵抗巫术而让通灵师占卜时，才把它们取出来。猴像在成人礼上的地位尤其突出。它们也被用于农耕仪式，如果适当地向猴像表示敬意，它们就会赐予丰硕的收成，狩猎也会满载而归。

博勒部落的猴子雕像“马布拉”，或者称为“格科勒”。

这些使用过的猴子雕像表面经常会有一层硬壳，那是因为在部落的仪式上，献祭物的鲜血曾淋在它们头上，这些血被认为是献给它们的奠酒。这些猴子雕像非常重要，它们被认为代表了人类精神中动物的一面。博勒人认为，每个人的精神都含有这种元素，这种元素生活于丛林当中。为了产生更加震撼的效果，这些雕像有时会加上一个真正的猴头骷髅。在占卜仪式上使用的猴子雕像，通常都是手里拿着一个小碗，碗里放着一颗鸡蛋。

除了这些便于携带的小型雕刻外，还有一些如真猴般大小的巨大雕像，它们的面目狰狞，是为了保护某个地方，甚至整个村庄而特别制作的。

象牙海岸地区附近一些部落，例如当族（Dan），对待猴像的态度则要轻松一些。对他们来说，在仪式上戴上名为"考格勒"（Kaogle）的猴子面具是为了增加一些喜剧气氛，戴这种面具的人的作用相当于村里的小丑。

阿兹特克人：中美洲

在哥伦布发现美洲之前，中美洲的猴子形象要比非洲的更讨人喜欢一些。它和舞蹈、艺术、美人、音乐、歌曲、和谐、幸福、游戏和玩乐有关——换句话说，这是一只顽皮的猴子。

阿兹特克人（Aztecs）的猴神名叫"奥祖马特里"（Ozomatli），是音乐和舞蹈之神"休奇皮里"（Xochipilli）的伴侣和仆人。画像上的“奥祖马特里”身披药草“马里那里”（Malinalli），戴着有尖角的白色椭圆形耳环。耳环的灵感据说来自海螺壳。这些画像有的是全身像，有的只画了头部，猴子在往外吐舌头。

阿兹特克人的猴神“奥祖马特里”。

有人说，是中美洲的猴子首次使人类尝到了巧克力的美味。阿兹特克人显然注意到猴子喜欢吃可可果中甜甜的果肉。猴子们把果肉吃了，吐出果豆。阿兹特克人依样画葫芦，并通过这种方法发明了巧克力，这一切都得感谢猴子。对阿兹特克人来说，巧克力并不只是一种食物：它被视为一种神赐的礼物和力量的源泉而受到敬畏。

玛雅人：中美洲

如果说，阿兹特克人的猴神“奥祖马特里”的原型是一只蛛猴的话，那么玛雅人（Mayans）的猴神“巴兹”（Batz）就是它的近亲吼猴了。

经典的玛雅人花瓶上画的吼猴不是在写作，就是在雕刻头像。这意味着它们是工匠，特别是书记员和雕刻家的保护神。在科潘（Copan）的遗址上，还有两只正摇着拨浪鼓的巨大的猴子雕像，说明它们是音乐家。

玛雅人的猴神“巴兹”。

库纳印第安人：中美洲

遗憾的是，新大陆幸存的原住民文化现在极少创作关于猴子的艺术品。在亚马逊丛林的深处，有几个遗存的与世隔绝的部落，他们偶尔会养小猴子当宠物，但是他们的艺术大部分只限于自己身上的装饰。

但是，有一个例外，有一类原住民现在依然在自己的艺术中创作猴子，他们就是巴拿马的库纳印第安人（Kuna Indians）。库纳印第安人居住在巴拿马东北部的一群小岛上，他们依然在创作部落的艺术品，勇敢地抵抗着现代化的入侵。库纳族的妇女会织一种名为“毛拉斯”（molas）的装饰性布料，用于自己的传统服饰上。有些“毛拉斯”的图案非常抽象，有些则是形象的图画，包括各种各样的动物图案。她们

巴拿马的库纳印第安人在“毛拉斯”布料上创作的“生命之树”，每根树枝上都挂满了小猴子。

最喜欢织的图案是“生命之树”（Tree of Life），因为这个主题在她们的信仰中起着非常重要的作用。库纳印第安人认为，太阳神与大地之母结合之后，后者孕育出了自然界的各种生物，并将它们挂在一棵巨大的树上。于是，“生命之树”就像一条巨大的脐带，联系着在地球上繁衍生息的所有动物、植物和人类。

有时“生命之树”的枝干上挂的都是动物，其中最受欢迎的一个图案是猴子，布料上的每一寸地方似乎都被小猴子占满了。一块“毛拉斯”上肉眼可见的猴子不下32只。

由于高度的程式化，很难说库纳人的“毛拉斯”上的猴子具体属于哪个种类。虽然现实中所有的猴子都是扁平脸，但是库纳的艺术家却固执地给它们画上像鸟一样的尖嘴。有时候他们给人类也安上坚挺的鼻子，因为显而易见，鹰钩鼻是美貌的象征。尽管如此，我们可以从容易盘住东西的卷尾辨认出库纳人的猴子。

第三章

被鄙视的猴子

Chapter Three　Monkeys Despised

在查尔斯·达尔文（Charles Darwin）劝人们尊敬猴子，因为它们是我们的近亲之前的几百年里，西方世界对猴子的态度总的说来是鄙视的，猴子被认为是邪恶而讨厌的动物，或者是毛茸茸的丑陋畜生，或者是愚蠢的象征，这些都是认为它们能冒充人类这一奇怪的推定所造成的。实际上，过去猴子因人类的过分自大而吃的苦，比其他任何动物都要多。

古代社会：希腊和罗马

古希腊人对猴子没有光滑浑圆的屁股——这是人类进化为直立行走之后的一个特征——这一点感到尤为讨厌。屁股瘦削的猴子有着厚厚的臀胝，它们就坐在这些硬化的皮肤组织上面，由于不雅观和下流而受到攻击。更糟糕的是，有些种类的雌猴臀部会周期性地肿胀充血，变得更大，也更显眼。[1]

由于猴子在人类眼里是如此丑陋，那么问题来了："身体丑陋，是不是意味着思想也一样丑陋呢？"对猴子来说不幸的是，早期哲学家对这个问题的回答是肯定的，不久大家就都认为，如果猴子的外表令人讨厌，它们的内心肯定也是邪恶的。

这种认为猴子是一种邪恶动物的观点持续了很长一段时间。公元前7世纪的古希腊诗人西蒙尼德斯（Simonides）便认为，最坏的女人都是猴子变的：

> 外表丑陋无比；这种女人一走到街上，所有人都会嘲笑她。她的脖子很短，几乎动也不动，没有屁股，四肢瘦弱；男人拥抱这种讨厌的东西是不会快乐的。她像猴子似的知道所有的阴谋和诡计，而且从来不笑。她也不会帮任何人的忙，而是整天想着怎么算计别人。

在古罗马，猴子被用来羞辱那些杀害了父亲的人。罪犯受了鞭刑之后，和猴子等动物一起被缝在一个口袋里，然后扔进台伯河（Tiber）或者海里淹死。猴子被包括进了这个残忍的刑罚，因为，作为被丑化了的人类，猴子非常适合陪伴那些杀害了自己至亲骨肉的人。

顽皮的猴子因它们火爆的性格和攻击人类的野蛮行为而臭名昭著。这些攻击行为毫无疑问是真实存在的，但并不是因为动物本身极具攻击性，而仅仅是因为这些被圈养的动物经常受到捕获它们的人的残忍对待，而人类还不自觉。

猴子还被认为毫无驯养的价值。普鲁塔克（Plutarch）* 说，猴子既不能像狗一样看门，又不能像马或者牛那样干活，因此只能用来作为取乐和嘲笑的对象。

猴子这种据说喜欢模仿人的欲望颇具灾难性，并成为埃利安（Aelian）** 写作秘史的素材。埃利安写道，有只猴子看

* 罗马帝国时代的希腊历史学家。

** 罗马作家。

到保姆给婴儿洗澡，也学着这么做，结果把婴儿放进了滚水里，杀死了婴儿。还有一个古老的故事，讲的是国王在睡觉，宠物猴看到有只苍蝇停在主人的胸口，于是找来一把匕首，想杀死苍蝇，结果把主人给捅死了。

猴子喜欢模仿人的名声，可能源于早期要猴人对它们的训练，但是人们却因此认为，这种动物在试图使人相信，它们确实是人类中的一员。这使猴子被贴上了骗子原型的标签。它们被认为和那些出身微贱，但却假装拥有高贵血统的人如出一辙，因此才有那句古老的谚语："猴子就是猴子，无赖就是无赖，即使穿着丝绒。"早在公元4世纪，罗马诗人克劳迪安（Claudian）在攻击一位年老的执政官时，就说他是一只穿着绫罗绸缎的猴子。

基督教出现以后，猴子的声誉降到更低。罗马帝国灭亡后，一直到中世纪晚期，基督教的官方观点都认为，猴子是一种十分低级的动物。[2] 公元4世纪，早期的狂热基督教徒迫不及待地毁坏亚历山大城的埃及神像，但是他们的首领下令，必须保留一尊雕像，作为异教徒堕落的象征。不消说，那尊保留下来的雕像就是狒狒神。古埃及人的狒狒神，顷刻之间变成了基督教的猴魔。猴魔本身被称为"西米亚·戴"（Simia Dei）或者"上帝之猴"（God's Monkey）。

动物寓言集：12—13世纪

中世纪的大部分动物寓言集中都有猴子，主要分为五种。

* 希腊和罗马神话中半人半兽的森林之神。

** 英语俚语，原意为“生气”，后来有“负担”和“染上毒瘾”的意思。

这幅插图出自 12 世纪晚期英国的一本动物寓言集，图中插画家为我们展示了一名猴妈妈为了逃避弓箭手的追捕而带着两名孪生子逃跑的惊恐画面。

其中有“猿”，这个名字后来被用来称呼地中海猕猴；有和猿模样相似但却长着长尾巴的“猴”；有来自埃塞俄比亚的狒狒；有另类的猿猴“斯芬克斯”；还有同样来自埃塞俄比亚的萨提尔（satyr）* 。

其中第一种“猿”，据说在看到新月时会欢呼，看到月亏时会难过。如果一只母猿育有两个孩子，据说它会疼爱其中一个而讨厌另外一个。有人说，当被人追捕时，母猿会把宠爱的那只小猿搂在自己胸口，而让讨厌的那只躲在自己背后，可见它有多么愚蠢。如果猎人靠近，它会把怀里的小猿扔掉，带着另一只依然紧紧抓住它后背的小猿逃走。这就是“背上有只猴”（having a monkey on your back）** 的来源。

三名猎人在追赶猴子一家，图片来源于13世纪中期英国的一本动物寓言集，图中一只猴子的头部已经中了一箭。

准确地说，在这些早期动物寓言作家的笔下，猿的日子过得并不好。显然灵长类动物和人类太像了，让人深感不安，从而不得不尽可能地贬低它们，让它们待在自己的地方。引用一位作家写于1220—1250年期间的一段话：“如果说猿猴全身上下都令人讨厌的话，那它们的后背就是最最恐怖和恶心的地方了……它们的脸长满了褶皱，非常可怕，就像一对令人作呕的风箱。”[3] 在此之前的1210年，一位法国的动物寓言作家说得更加直接，他说：“我想不出有什么东西和猿猴相像，因为它们简直一无是处。”[4]

猿猴喜欢模仿人类，据说捕捉它们的最好方法，就是坐下来不停地把靴子脱下又穿上。然后走开，把拴在树上的靴子留在那儿。猿猴无法抗拒模仿的诱惑，它们会从树上跳下来，把靴子穿上，这时就很容易抓住它们了。

狒狒据说擅长跳跃，咬起人来非常残忍，而且难以驯服。可是有着毛茸茸上肢的斯芬克斯却可以通过教育而去除它们的野性。萨提尔有着旺盛的毛发，蓬松的大胡子，宽大的尾巴，和一张几乎可以说讨人喜欢的脸，它们的举止动作非常奇怪，显得烦躁不安，很容易就把它们捉住。萨提尔被抓住后，很快就会死去，因为它们只有在故乡埃塞俄比亚的天空下才能生存。萨提尔是放荡淫逸的象征。

从这些离奇古怪的描述中我们可以知道，13 世纪时的欧洲对猴子所知甚少，更不要说了解它们了。一个总体印象就是，那些道貌岸然的动物寓言作家认为猴子极度令人反感，因此希望把它们刻画得越丑越好。

寓意画册：16 — 17 世纪

在 16—17 世纪的寓意画册中，很少出现猴子，然而它们一旦出现，通常都是既可耻又恶心的形象。猴子之所以如此令人尴尬，主要是因为它们的屁股，尤其是雌猴那裸露的屁股会不可避免地随着发情期的到来而变得红肿。如果从下面看（树上的猴子总是位于人类的视线以上），这种“缺陷”甚至更为明显。1632 年，雅各布 · 卡茨（Jacob Cats）* 在一本寓意画册中写了这样一首有趣的讽刺诗：

* 17 世纪荷兰画家、诗人，主要作品为寓意画册。

爬得越高
可耻的部分
露得越多

这些诗句附在一幅蚀刻画的后面，画上画着一只被拴在柱子上的猴子。猴子爬到了柱子的顶端，下面是受惊的群众，他们脸上露出愤怒和不可思议的表情，正对着猴子那令人作呕的屁股指指点点。[5]

这首讽刺诗的寓意是，一个人在社会上爬得越高，越

在 1632 年的一本寓意画册中，一只猴子爬到柱子的顶端，自己的屁股暴露无遗。

有可能暴露出自己性格中可耻的一面，这首诗对今天的我们来说有双关的含义。首先，它揭示了那些想方设法爬到社会顶层的人，私下里肯定都有很严重的缺点，即使他们在公开场合是大做好事的慈善家。不论他们怎么说，他们的社会地位自然而然地使他们显得可耻而无情，他们爬得越高，也就越无耻。其次，在今天这个狗仔队、八卦杂志、丑闻和过度的名人崇拜横行的世界，这首古老的讽刺诗甚至可以更直接地找到自己的讽刺目标。因为每一个曝光率很高的名人都清楚地知道，一旦你爬到了社会的顶端，你的隐私不仅得不到保护，反而更容易曝光。如果你暴露了一个乳头，短暂地露了一下屁股，或者是吮吸了一下脚指头，你就会成为媒体狂热追逐的焦点。如果你处于社会的最底层，根本就没有人会理你。这首《柱上的猴子》的讽刺诗用在这里实在是太合适了——甚至比它首次出版时更合适。

漫画中的猴子

猴子在欧洲非常罕见，因此它们极度恶劣的形象并没有维持很久。随着时间的流逝，它们依然受到鄙视，但是程度却减轻了。现在它们成了幽默艺术和文学的常用工具，出现在讽刺人类的漫画作品之中。如果你想取笑艺术家、政治家、神父、贵族、医生、教师等等文明社会的任何一类人，你只需将这些威风凛凛的人物画成穿着衣服的猴子就可以了。罪恶深重的猴子已经变成了愚蠢的代名词。

猴子最早于17世纪出现在画家笔下。有些肖像画家为了讨好主顾而将他们画得比本人漂亮，这些画家被认为是狡猾的骗子，应该受到鄙视，因为他们没有勇气把顾客的真实面貌告诉他。18世纪90年代，弗朗西斯科·戈雅（Francisco Goya，1746—1828）* 在自己的《狂想曲》（*Los Caprichos*）系列蚀刻版画中，就讽刺了这种做法，画中的猴子将一头难看的驴子画成了一匹气度不凡的骏马。骄傲自大的驴子改头换面，变成了头戴假发的高贵骏马。

* 西班牙画家，浪漫主义画派代表人物。

** 18世纪法国画家、静物画大师。

弗朗西斯科·戈雅画了一只猴子在给一头驴子画像，见戈雅1799年创作的《狂想曲》系列版画。

同样在 18 世纪，法国艺术家让—巴蒂斯·夏尔丹（Jean-Baptiste Chardin，1699—1799）** 画了一只正在帆布上认真创作一幅杰作的猴子。这只猴子准备画一幅静物画，主题是一尊古董雕塑。夏尔丹在这里传达的意思是，如果画家一直在临摹其他艺术家的作品，而不是直接从大自然获取创作灵感，那么就和善于模仿的猴子没有什么区别。这幅画非常受欢迎，为了满足观众的需求，夏尔丹连画了好几幅。

让 – 巴蒂斯· 夏尔丹，《猴画家》（*Monkey Painter*），1739—1740 年，布面油画。

19 世纪初，J. J. 格兰维尔（J. J. Grandville，1803—1847）* 喜欢嘲笑两个对立的艺术流派，并乐此不疲。安格尔（Ingres，1780—1867）** 领导的学院派（the Academic School）被描绘成一只狒狒，正盲目地在一幅署名拉斐尔（Raphael，1483—1520）*** 的画作上勾画人类的腿部线条。实际上，这只长着拉斐尔脑袋的狒狒正蒙着双眼，坐在一只木马上，画的主旨由此而表达得清清楚楚。狒狒的后面是许多越来越小的狒狒，它们是它的学生，不仅和它长得一模一样，做的事情也一模一样。换句话说，安格尔在这里被画成了一只愚蠢的猴子，因为他盲目地模仿古代大师的作品——这是一种卑鄙的模仿。

德拉克洛瓦（Delacroix，1798—1863）**** 领导的浪漫派（the Romantic School）被描绘成了三只肆意涂抹的猴子。一只用尾巴画，一只用脚画。也就是说，德拉克洛瓦和浪漫派根本就不关心技巧，他们只关心夸张的姿态，并懒洋洋地表现出平庸的情感。

* 19 世纪法国著名插画家、漫画家，被誉为“超现实主义之父”，首先开创了用动物脸取代人脸的表现方式，开创了“拟人”艺术的先河。

** 法国新古典主义画家、美学理论家。

*** 文艺复兴时期意大利杰出画家。

**** 法国画家，浪漫主义流派的领袖人物。

（左图）J.J. 格兰维尔为讽刺安格尔的学院派而创作的卡通画，内容是一只盲目的狒狒正在一幅署名拉斐尔的画作上勾画线条。

（右图）格兰维尔为讽刺以德拉克洛瓦为首的浪漫派而创作的卡通画。

1827年，英国动物画家埃德温·兰西尔（Edwin Landseer，1802—1873）以一幅《见过世面的猴子》（*The Monkey Who Had Seen the World*）开始了猴子讽刺画的创作。他画了一只衣锦还乡的本地猴子，穿得像是一名摄政王，骄傲地用后腿站立着，周围是一群没有离开过家的猴子，赤身裸体，可怜地蹲在地上，嫉妒地看着它。这幅作品不可避免地传达出一个信息，那就是画家喜欢衣着华丽的成功人士，多过喜欢邋里邋遢的失败者。值得注意的是，这只取得成功的猴子几乎被画成了人，而那些一直待在老家的可怜虫则采用自然主义的表现手法，被画成了真正的猴子。这可以被视为具有另外的含义。画家似乎在说，那些一直待在家里的人不如那些出去闯世界的，以及猴子是比人类低级的动物。

埃德温·兰西尔，《见过世面的猴子》，1827年，布面油画。

在18—19世纪，以猴子作为讽刺作品的题材非常普遍。首次对这种做法提出反对的是1860年在牛津举行的那场著名的达尔文辩论。当时绰号为“苏比·山姆”（Soapy Sam）* 的牛津著名主教威尔博福斯（Wilberforce，1759—1833），向达尔文的拥护者托马斯·亨利·赫胥黎（Thomas Henry Huxley，1825—1895）** 问了一个致命的问题：“你究竟是从祖父还是祖母那一系判断自己的祖先是猴子的？”赫胥黎回答说：“我不以祖先是猴子为耻，而以对手是那种利用权势掩盖真理的人为耻。”赫胥黎不仅赢得了辩论，而且将卑微的猴子列于狡猾的人类之上。赫胥黎将猴子在人类思想上的地位提升到了一个史无前例的高度，从而标志着几百年来对猴子的侮辱的结束。猴子受到鄙视的时代将逐渐淹没于历史的长河之中。

* “苏比·山姆”在英文中有“油腻的山姆”“圆滑的山姆”的意思，山姆是威尔博福斯的名字。

** 英国著名博物学家，达尔文进化论的坚定拥护者，著有《天演论》。

第四章

好色的猴子

Chapter Four Lustful Monkeys

猴子有一个“令人不快”的特点需要我们仔细审查，这就是它们超强的繁殖能力。自古以来，有关猴子与人类交配的谣言甚嚣尘上，有的说它们会粗暴地强奸人类，有的说它们很享受着心甘情愿的人类伴侣带来的种种好处。[1]

对于这些想象出来的放荡行为，具有讽刺意味的是，实际上，猴子的性行为并不过度。一般野生猴子的交配时间平均只有 8 秒钟。那么，猴子淫荡和好色的坏名声，又是怎么来的呢?

古埃及神圣的狒狒以硕大而显眼的阴茎而著称。

答案有几种。第一，猴子经常被认为是具有动物脸孔的人类。它们和人类几乎一模一样，只是摒弃了所有文明的外表，只留下丛林中的原始本能。这使它们成为好色的绝佳代表。第二，第一种成为人类朋友的猴子——古埃及神圣的狒狒——便以拥有硕大的阴茎而著称，在狒狒神托特的坐像中，阴茎总是处于非常显眼的位置。另外还有一个事实，那就是活着的猴子——不论雄猴还是雌猴——它们的性器官都非常显眼，而且它们不像人类一样，试图遮掩自己的性器官，或者是寻找隐秘的地方进行交配，因此你很容易就相信猴子是强奸犯或者人类情人的荒诞说法。

阿拉伯的经典著作《一千零一夜》中的一个故事更是使这个传说广为人知。公元3世纪，这本庞大的故事集首先在亚洲传播，9世纪时开始传到阿拉伯世界。这些故事后来又经过多次的加工，主要是通过口头重复传述的方式，因此很难断定某个具体的故事产生的时期，但是可以说，它们的起源都很早。[2]

在《国王的女儿和猿》（*The King's Daughter and the Ape*）这个故事中，所谈论的猿几乎可以断定就是狒狒。故事的女主角（假如女主角这个词没有任何不当的话）是一名苏丹的女儿，被一名黑人奴隶夺去了贞操。和他交往期间，她越来越沉迷性爱，并且逐渐变得贪得无厌，他已经无法再满足她。她将自己的烦恼向一名女仆倾诉，女仆告诉她，狒狒是她唯一的希望，因为它们同样欲求不满。一天，她看见有人牵着一只狒狒从楼下走过，于是向他做了个眼色。狒狒知道了她的意思，立刻爬墙来到她的闺房。她把他藏在自己的闺房里，并在接下来的日子里几乎无休无止地与他缠绵。她的父亲听说了此事，认为女儿必须死。她于是和这只一刻也离不开的狒狒逃到了开罗。有个年轻人看到她憔悴的面容，心里生疑，于是一路尾随她，并偷窥了她在卧房中所做的一切。眼前的一幕令这名年轻人感到震惊，她不停地和狒狒热烈地做爱，最后由于体力消耗过多而晕了过去。这时年轻人再也看不下去了，他冲进去杀死了狒狒。这时苏丹的女儿醒了过来，看到情人已死，她的“尖叫声就像自己快死了一样”。这名年轻人取代了狒狒，担负起公主情人的角色，但他实在是无法满足女孩的需求。他向一名智慧的老妇人求助，老妇人为他举行了一个秘密仪式，从女孩的身上取出了一黑一黄两条虫子。老妇人说，黑虫是那名黑人奴隶放的，而黄虫则是狒狒放的。

在《一千零一夜》的故事《国王的女儿和猿》中，苏丹的女儿实在是太喜欢大猴子了。

从此以后，女孩的花痴病终于治好了。

这个故事的特别之处在于女孩听说猴子死后的悲痛之情。大多数早期的色魔猴故事都将猴子描写成残忍的强奸犯，一有机会就野蛮地攻击妇女。然而，这只狒狒却不是讨人厌的罪犯，而是一名身强体壮的情人。

很久以后，伏尔泰（Voltaire）在他的《老实人》（*Candide*，1759）一书中也写了一个类似的故事，书中写赣第德（Candide）在亚马逊丛林探险时，听到了妇女微弱的叫声。他不清楚这种声音究竟是快乐还是悲伤，于是打算一探究竟。赣第德发现，这个声音是两名裸体女孩在逃离两只猴子时发出的。他惊恐地发现猴子竟然在咬女孩的屁股，于是拿起枪来把两只猴子都打死了。赣第德认为自己“把两个可怜的孩子从魔爪中解救了出来”，但令他吃惊的是，两名女孩竟“深情地吻着猴子，泪珠滴在猴子身上，空气中充满了最悲伤的哀号声”。可笑的是，赣第德将女孩的行为理解为“基督教仁爱”（Christian charity）的典范。幸亏仆人纠正了他，仆人还建议，为了安全起见，他们应该尽快逃离该地。

两个故事相隔近千年，但它们有一个关键的共同之处，那就是女主人公对情猴深深的爱恋，以及在听说它们死后所表现出来的悲痛之情。这使“受鄙视的猴子”的观点出现了新的变化，因为在这里，只有故事中的男人才痛恨猴子，并把它们看成残忍的好色之徒。对于女人来说，猴子不仅没有受到轻视，反而备受宠爱，它们因此被归入了特殊的种类。这两个故事的寓意似乎是，男人在与女人相处时没有投入足够的激情。猴子在这里提醒了人类在这方面的愚蠢。

Les deux égarés entendirent quelques petits cris qui paraissaient poussés par des femmes.

Candide, Ch. XVI.

J. Moreau le J^e del. E. de Ghendt Sculp.

（左页图）1800 年出版的伏尔泰著作《老实人》中的一幅插图，图中描绘了男主人公开枪打死了姑娘们的情猴。

至于作为强奸犯的猴子，其寓意则完全不同。人类在这里是高贵的，而天性则是野蛮的。如果女人任由自己受到本能的驱使，则会变得堕落。最早提到这一点的是公元前 4 世纪的希腊将军和政治家提谟修斯（Timotheus），他认为猴子总体而言残忍而淫荡。接着，公元 2 世纪的希腊军人作家埃利安在自己的作品中写道，年老的雄性狒狒非常好色，会攻击妇女和儿童。

尽管没有人亲眼见过野猴强奸妇女，但是这个夸张的故事却牢牢地植根于欧洲的民间故事，并不时地被拎出来渲染一番。例如，16 世纪的一则民间故事就严肃地写道，狒狒“喜欢妇女和儿童……一旦挣脱脚镣，就会试图和她们公开同居”。

传说人类和猴子圆房之后，通常会生育他们交配的产物。这些孩子经常被描绘成混血的怪物，但是并没有真实的案例可供科学研究。这个故事的寓意又变了。现在它的寓意是：“请和你的同类结合，否则会有麻烦。”在这些例子中，猴子被用来作为跨种族关系的象征，而这种关系在过去是不被接受的。

在结束好色的猴子这一章之前，我们有必要问一问，这些传了这么多年的古怪故事，是否含有些许真实的成分。它们完全是杜撰的，还是在人类与猴子之间，有可能存在某种跨越基因界限的联系？

最有可能的答案是，野猴和人类（不管是男人还是女人）之间从未有过性关系。但是宠物猴则另当别论。如果一只猴子从出生起就由人类一手养大，那么它完全有可能在成年之后对主人的身体产生性趣，就像宠物狗喜欢蹭人的腿一样。但是，猴子的阴茎没有人类的那么大，而且正如前文所说的，雄猴只能维持8秒就要射精。因此，即使偶尔出现过一只真正的情猴，它的表现也不可避免地会令人大失所望。

第五章

讨人喜欢的猴子

Chapter Five　Monkeys Enjoyed

宠物猴

几百年来，人类都非常享受猴子的陪伴。它们既聪明又顽皮，在那些希望领养一只动物的人看来，这要比普通的猫和狗更有吸引力。猴子具有敏捷的身体和强大的跳跃能力，常常把家里搞得鸡飞狗跳，因此作为家养宠物不免受到限制，但是它们有丰富的面部表情，并且能够像人一样摆弄小物件，这又使它们具有一种特别的吸引力。对于那些更具有冒险精神的宠物主人来说，猴子是一种值得一试的挑战。

西班牙的征服者发现，美洲的印第安人饲养猴子当宠物。

即使在与世隔绝的亚马逊丛林深处，部落人民如阿瓦部落（Awa）也饲养猴子当宠物。

在英国的都铎王朝（Tudor England，1485—1603）时期，猴子是最受宫廷喜欢的宠物之一。由于猴子很难捕获，因此拥有一只猴子成为身份高贵的象征。都铎王朝的君主像显示，伊丽莎白一世（Elizabeth I）、阿拉贡的凯瑟琳（Catherine of Aragon）和爱德华六世（Edward VI）都养有宠物猴。这些猴子不仅扮演着宫廷小丑的角色，据说还被用于纵狗咬熊和纵狗咬牛游戏的训练，虽然我们不清楚它们是如何做到的。

这幅亨利八世（Henry VIII）的第一任妻子阿拉贡的凯瑟琳的小型画像绘于1531年，画中的凯瑟琳抱着她的宠物卷尾猴，这只猴伸出爪子，想抓起王后脖子上戴着的十字架。

这个动作似乎除了反映猴子天生的好奇心之外，并没有

《阿拉贡的凯瑟琳》，1531 年，画中凯瑟琳的宠物卷尾猴想抓起十字架。

其他含义，但是那些艺术史学家却对早期绘画的每一个细节都做了解读，他们认为猴子的这个动作隐含着对凯瑟琳的丈夫亨利或者他的新欢安妮·博琳（Anne Boleyn）的攻击，后者将取代凯瑟琳成为新的王后。为了支持这一说法，他们指出，在这幅画像的早期版本（绘于 1525 年）中，并没有出现十字架。只有在 1531 年的画像中才有十字架，而此时凯瑟琳的婚姻已经出现了严重的危机，亨利决定和她离婚，即使冒着和罗马教廷（Catholic Church）分裂的风险也在所不惜。

关于对亨利的攻击，猴子的动作被认为代表着亨利为了成功离婚而无视天主教的规定。关于对安妮·博琳的攻击，据说猴子隐含着对安妮的侮辱，暗示她是一只捣乱的猴子。

皇室成员除了豢养猴子以供炫耀之外，有时还用它们来缓解由于地位上升而带来的孤独感。公主们常常缺乏父母的亲密之爱，因此将宠物作为感情的寄托。据说伊丽莎白公主（后来的伊丽莎白一世）年轻时，曾试过教她的宠物猴打网球。

另外一名伊丽莎白，詹姆士一世的女儿——波西米亚的伊丽莎白童年非常孤独，因此养了许多宠物，据说："她不太想要小狗和猴子，因为她自己就养了十六七只。"1612年伊丽莎白结婚后，丈夫为她在海德堡城堡（Heidelberg Castle）建了一栋"英国侧楼"（English Wing），里面有专门的猴舍。伊丽莎白后来因偏爱宠物甚于自己的儿女而臭名远扬，她女儿说，妈妈"喜欢自己的猴子和小狗，多过喜欢自己的孩子"。

17世纪还有一只著名的宠物猴，为查理一世（Charles I）的外甥莱茵的鲁珀特王子（Prince Rupert of the Rhine）所有。1642年曾出版了一本关于这只猴子的讽刺小册子，题目为《罗伯茨王子*的刁猴出嫁前，其滑稽和自负的性格已经暴露无遗。刁猴与骑士**的婚姻，以及她是如何结婚不到三天，就当着丈夫的面给他戴上绿帽子的》（*The Humorous Tricks and Conceits of Prince Roberts Malignant She-Monkey, discovered to the world before her marriage. Also the manner of her marriage to a Cavalier and how within three days space, she called him Cuckold to his face*）。册子的封面画着这只猴子正旁若无人地吸着陶制的烟斗，一只手牵着她的骑士夫君。

* 暗指鲁珀特王子，罗伯茨和鲁珀特的读音近似。

** 暗指鲁珀特王子，因鲁珀特王子曾担任查理一世的骑兵。

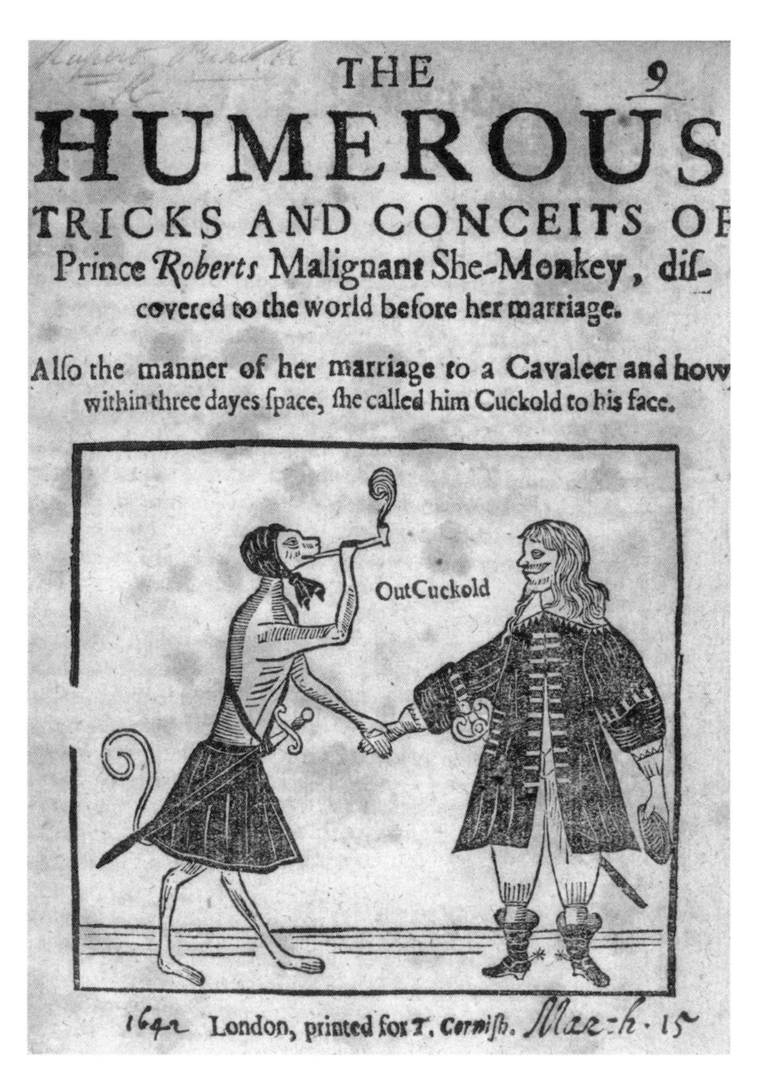
THE
HUMEROUS
TRICKS AND CONCEITS OF
Prince Roberts Malignant She-Monkey, dif-
covered to the world before her marriage.

Alfo the manner of her marriage to a Cavaleer and how
within three dayes fpace, fhe called him Cuckold to his face.

1642 London, printed for T. Cornifh. March. 15

1642 年出版的一本讽刺性的匿名小册子，讲的是莱茵的鲁珀特王子的一只著名的宠物猴。

在此之前的 17 世纪初，流传着一个奇异的故事，讲的是一只宠物猴趁人不备，夺走了摇篮中熟睡的婴儿，并逃到了屋顶上。当发现猴子在屋顶上和婴儿玩耍时，全家人惊恐万分，急忙把床垫和毯子铺在房子四周，以防猴子失手，婴儿跌落受伤。但是猴子却非常小心，它紧紧地搂着自己的战利品，直到最后才自愿地下到地上。婴儿获救了，毫发未损，后来还成为臭名昭著的奥利弗·克伦威尔（Oliver Cromwell）*。要是那只猴子哪怕有一点闪失，英国可能就不会发生内战**了。

18世纪的俄国女皇叶卡捷琳娜二世（Catherine the Great）的最后一个情人，是小她40岁的野心勃勃的祖博夫亲王（Prince Zubov）。祖博夫在俄国的权势无人能比，朝臣们发现很难接近他，只好转而讨好他的宠物猴，希望关键时候这一招能发挥作用。祖博夫看到猴子跳到他们的肩膀上，偷走他们的假发时，果然被逗得哈哈大笑，只有他们谦恭而尴尬地集体站在那里。

第二代罗斯柴尔德男爵（the second Baron Rothschild）***行为古怪，据说他经常在白金汉郡（Buckinghamshire）的宅邸沃德斯登庄园（Waddesdon Manor）和宠物猴共同进餐，有一次，他"和12只盛装的猴子"一起举办了一个特别的宴会。传说这是一个为宴请索尔斯伯里勋爵（Lord Salisbury）而举行的重要晚宴，当12名客人在桌子边就座时，惊讶地发现每人旁边都有一个空座位。接着，就在宴会开始前，据说12只穿着异常整洁的猴子走了进来，坐在了那些空位子上。

20世纪的知名人士中，有些行为更加古怪，他们有时会在仆人的帮助下养起宠物猴来。20世纪30年代，梅·韦斯特（Mae West）****就养了好几只，她把它们当孩子一样喂养。其中一只名叫"布吉"（Boogie），还造成了一次好笑的误会。梅·韦斯特有句著名的口头禅，她经常对女仆说："比尤拉（Beulah），给我剥颗葡萄。"这句话被理解成一名难以取悦的

* 英国政治家、军事家和宗教领袖。1645年率领议会军打败了保王军。1649年处死查理一世，宣布英国为共和国，成为实际的军事独裁者。

** 指1642—1651年之间英国议会派和保王派之间发生的一系列武装冲突和政治斗争。

*** 指沃尔特·罗斯柴尔德（1868—1937），英国银行家、政治家和动物学家，为罗斯柴尔德家族在英国的第二代男爵。

**** 20世纪30年代好莱坞的著名女星。

梅·韦斯特和她的宠物猴“布吉”。

女主人对仆人的离奇要求。事实上，她是在要求女仆为“布吉”准备一点儿好吃的东西，并不是为她自己，“布吉”才是那个真正的女主人，她拒绝吃任何没有剥皮的葡萄。

好莱坞经常利用宠物猴来活跃气氛，在大受欢迎的系列电影《加勒比海盗》（*Pirates of the Caribbean*）中，赫克托·巴博萨船长（Captain Hector Barbossa）的肩膀上不是像平时那样站着一只鹦鹉，而是站着一只宠物猴，这只猴的名字叫作“杰克”（Jack）。虽然大家都以为那是一只雄猴，实际上却是一只名叫“奇基塔”的听话的雌猴。电影中这个角色需要极高的智商，因此对于“奇基塔”是一只卷尾猴，我们一点也不感到意外。“实际上，这只猴子是全片最聪明的一个人。”扮演巴博萨的演员杰弗里·拉什（Geoffrey Rush）说。

现在，畜养猴子作为家庭宠物已经逐渐变得不那么流行了，包括荷兰、以色列、墨西哥和印度在内的一些国家已经严令禁止这么做。美国的19个州（加利福尼亚、科罗拉多、康涅狄格、佐治亚、肯塔基、路易斯安那、缅因、马里兰、马萨诸塞、明尼苏达、新罕布什尔、新泽西、新墨西哥、纽约、宾夕法尼亚、罗德岛、犹他、佛蒙特和怀俄明）也已经禁止将猴子作为宠物。美国国会正考虑通过《圈养的灵长类动物安全法案》（*Captive Primate Safety Act*），禁止各州之间的宠物猴交易。2012年1月，英国议会讨论了是否应该将类似的禁令引入英国。支持引入禁令的一方给出的理由是："宠物猴的角色令猴子遭罪。"实际情况确实如此，还可以再加上一句，它们的主人也经常遭罪。

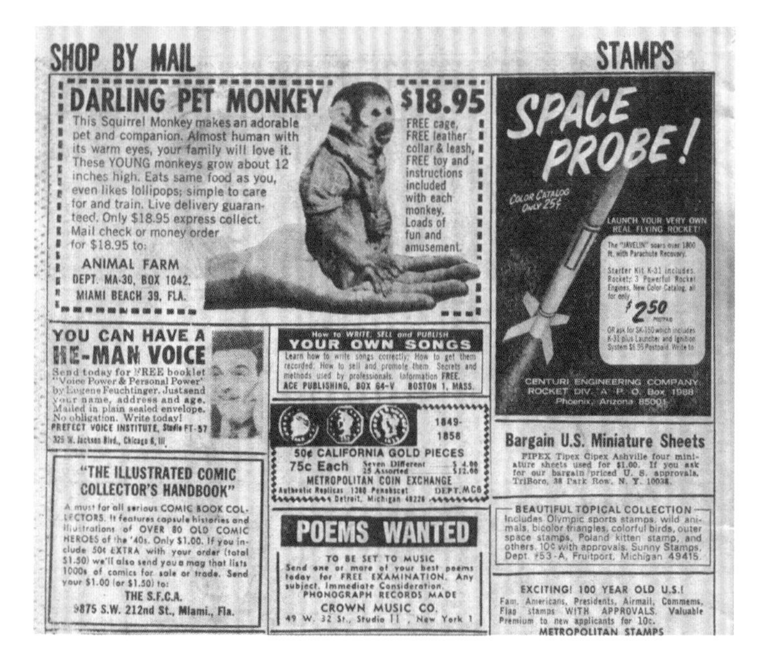
SHOP BY MAIL

DARLING PET MONKEY $18.95

This Squirrel Monkey makes an adorable pet and companion. Almost human with its warm eyes, your family will love it. These YOUNG monkeys grow about 12 inches high. Eats same food as you, even likes lollipops; simple to care for and train. Live delivery guaranteed. Only $18.95 express collect. Mail check or money order for $18.95 to:

ANIMAL FARM
DEPT. MA-30, BOX 1042,
MIAMI BEACH 39, FLA.

FREE cage, FREE leather collar & leash, FREE toy and instructions included with each monkey. Loads of fun and amusement.

YOU CAN HAVE A HE-MAN VOICE

Send today for FREE booklet "Voice Power & Personal Power" by Eugene Feuchtinger. Just send your name, address and age. Mailed in plain sealed envelope. No obligation. Write today!
PREFECT VOICE INSTITUTE, Studio FT-57
325 W. Jackson Blvd., Chicago 6, Ill.

How to WRITE, SELL and PUBLISH YOUR OWN SONGS

Learn how to write songs correctly; How to get them recorded; How to sell and promote them. Secrets and methods used by professionals. Information FREE.
ACE PUBLISHING, BOX 64-V BOSTON 1, MASS.

1849-1858
50¢ CALIFORNIA GOLD PIECES
75c Each Seven Different $4.00 25 Assorted $12.00
METROPOLITAN COIN EXCHANGE
Authentic Replicas 1380 Penobscot DEPT. MC6
Detroit, Michigan 48226

"THE ILLUSTRATED COMIC COLLECTOR'S HANDBOOK"

A must for all serious COMIC BOOK COLLECTORS. It features capsule histories and illustrations of OVER 80 OLD COMIC HEROES of the '40s. Only $1.00. If you include 50¢ EXTRA with your order (total $1.50) we'll also send you a mag that lists 1000s of comics for sale or trade. Send your $1.00 (or $1.50) to:
THE S.F.C.A.
9875 S.W. 212nd St., Miami., Fla.

POEMS WANTED

TO BE SET TO MUSIC
Send one or more of your best poems today for FREE EXAMINATION. Any subject. Immediate Consideration.
PHONOGRAPH RECORDS MADE
CROWN MUSIC CO.
49 W. 32 St., Studio 11, New York 1

STAMPS

SPACE PROBE!

COLOR CATALOG ONLY 25¢

LAUNCH YOUR VERY OWN REAL FLYING ROCKET!

The "JAVELIN" soars over 1800 ft. with Parachute Recovery.

Starter Kit K-31 includes: Rocket; 3 Powerful Rocket Engines, New Color Catalog, all for only $2.50 POSTPAID

OR ask for SK-150 which includes K-31 plus Launcher and Ignition System $6.95 Postpaid. Write to:

CENTURI ENGINEERING COMPANY
ROCKET DIV. A P.O. Box 1988
Phoenix, Arizona 85001

Bargain U.S. Miniature Sheets

PIPEX Tipex Cipex Ashville four miniature sheets used for $1.00. If you ask for our bargain priced U. S. approvals. TriBoro, 38 Park Row, N. Y. 10038.

BEAUTIFUL TOPICAL COLLECTION

Includes Olympic sports stamps, wild animals, bicolor triangles, colorful birds, outer space stamps, Poland kitten stamp, and others. 10¢ with approvals. Sunny Stamps, Dept. #53-A, Fruitport, Michigan 49415.

EXCITING! 100 YEAR OLD U.S.!

Fam. Americans, Presidents, Airmail, Commems, Flag stamps WITH APPROVALS. Valuable Premium to new applicants for 10c.
METROPOLITAN STAMPS

20世纪50年代美国报纸上的售猴广告，现在看来不可思议且令人不快。

尽管猴子很受欢迎，但是并不适合作为宠物，原因有几个。和猫狗不一样，大多数猴子都是热带动物，并不适应寒冷的气候。这意味着需要特别为它们营造一个温暖的住宿环境，而它们的主人往往没有这种条件。那些体型较小的猴子身体非常娇弱，因为从生物学的角度来看，它们和主人非常接近，很容易传染上人类的疾病。它们还可能将一些自己的疾病传染给人类。另外，那些体型较大的猴子小时候可能非常好玩，但是它们成年后通常会变得很危险，尤其是在面对陌生人的时候。被大猴子咬一口所造成的伤害，很容易被人低估。

小宠物猴满脸忧伤，因为被以非自然的方式对待。尽管有很大的吸引力，但猴子并不会成为人类的好宠物。

现在官方的观点是："饲养宠物猴既危害公众的健康和安全，又侵犯了动物权益。"尽管如此，电视剧依然无法抗拒宠物猴的巨大吸引力。

再说，猴子不喜欢在狭小的笼子里生活。它们天性好动，将它们囚禁在封闭的地方并不适合。一旦把它们放出来，它们会把家里搞得一团糟，要是它们逃走了，又会造成恐慌。最后，猴子跟猫狗不一样，很难训练它们上厕所，假如不是完全不可能的话。

假如，有人不顾上面罗列的种种缺点，同时在法律许可的情况下，仍然决定养一只宠物猴，那么实际上只有一种猴子值得考虑，那就是新大陆猴（New World capuchin）*。它们不仅是所有猴子当中最聪明的，同时也是适应性最强的。它们是几百年来街头艺人和现代职业驯兽师最喜欢的伙伴，这点绝非偶然。

又称阔鼻猴，分布于中美洲和南美洲的高等灵长类动物，与分布于亚欧大陆的狭鼻猴相对。

即便新大陆的卷尾猴耐心且听话，还是有很多人反对养宠物猴。琳·卡尼（Lynn Cuny）是美国一家野生动物救助中心的创建者，她严厉地指责养宠物猴的行为，因为她的中心每年得照顾大量因主人无法对付而遭到遗弃的宠物猴，而美国人道协会（the Humane Society of the United States）的圈养野生动物专家贝丝·普瑞斯（Beth Preiss）则毫不客气地提醒那些打算饲养宠物猴的人：

> 饲养宠物猴既危害公众的健康和安全，又侵犯了动物权益。猴子会攻击人类，会传播疾病，而且一般的主人根本无法满足它们圈养期间的需求。

公道地说，这个声明简洁地概括了现代西方社会对宠物猴的态度。随着21世纪的到来，我们可能会看到越来越多的立法来限制这一现象，虽然那些宠物饲养老手可能因此而无法细究灵长类动物的行为和性格，但同时也省掉了不少麻烦。

猴戏表演

猴戏表演几百年来给观众带来了巨大的欢乐，让人难过的是，一些种类的猴子，尤其是卷尾猴和小型猕猴，因为过于听话而被迫做出种种不自然的动作。有时是一只猴子打扮成小丑，模仿一些人类的动作。平时这种动物只需穿上夸张的人类服装，像个小人儿似的坐在那里，就已经非常可笑。

印度街头的耍猴人，靠耍猴赚取微薄的生活费。

在17世纪的伦敦，猴戏表演是一年一度的巴托罗缪市集（Bartholomew Fair）* 上常见的娱乐节目。

塞缪尔·佩皮斯（Samuel Pepys）** 在1661年8月31日的日记中写道："我一个人又回到市集……看了猴子表演，它们竟然可以做出这些不可思议的动作，真是令人叹为观止。"两年后的1663年9月4日，佩皮斯又去了市集，他在日记中写道：

* 过去伦敦最著名的市集之一，1133—1855年每年的8月24日举行，1855年被废止。

** 17世纪英国作家和政治家，著名的《佩皮斯日记》作者，其日记是17世纪英国最丰富的生活文献。

之后……去了巴托罗缪市集，我不想单独去……于是和她一起坐马车去了市集，我们看了猴子在绳子上跳舞的表演，表演虽然新奇，但是我不喜欢这种肮脏的游戏。

三天后他又去了一次，回来后他写道：

去了巴托罗缪市集，在那里遇见了皮克林先生（Mr Pickering），于是一起去荷兰屋看猴戏，地点比我和妻子那天看猴戏的地方还要远；随后看了猴子在绳子上跳舞，表演单调而乏味，非常差劲。

一个世纪后，猴戏的表演水平似乎有所提高。一个名叫斯宾纳库提（Singor Spinacuti）的人在法国国王和朝臣面前表

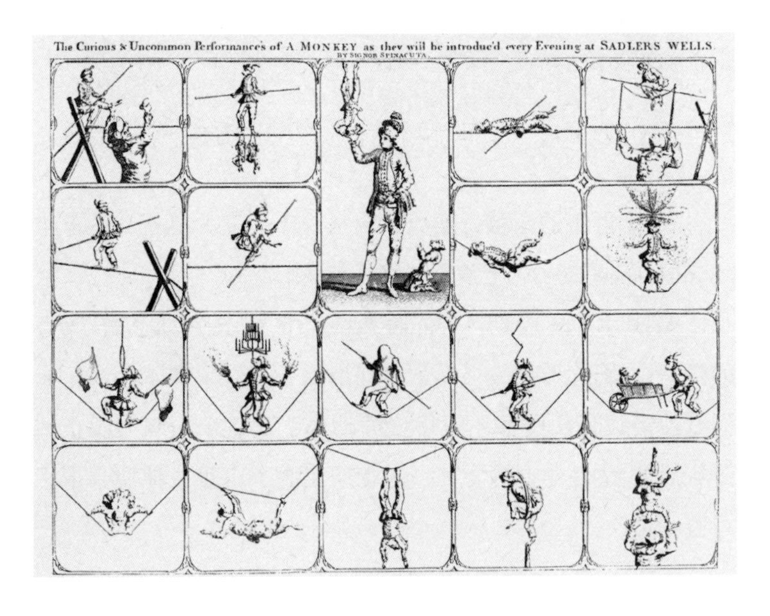

18 世纪时斯宾纳库提的“猴骑士”曾在伦敦的“沙德勒之井”剧院表演过走钢丝。

演了猴戏，那只猴子名叫“猴骑士”（Le Chevalier des Singes）。猴骑士的表演包括“在一张一弛的绳子上跳舞和翻跟头；鼻子和下巴上顶着一只枝形吊灯、一个大铁圈和一只烟斗，然后在一阵烟火表演中戏剧性地退出了舞台”。1776 年，猴骑士还来到伦敦的“沙德勒之井”剧院（Sadler's Wells Theatre）*，他的表演被描述为“手持长杆在绷紧的绳子上行走和跳舞，手持长杆在钢丝上行走和跳舞，手里没有拿长杆在钢丝上行走和跳舞，在松弛的绳子上翻跟头，以及转动五彩烟火轮”。

最令人难忘的猴戏表演也许来自 19 世纪手摇风琴师的猴子。手摇风琴是一种便携式乐器，通过摇动手柄演奏出简单的乐曲，街头艺人经常利用这种乐器来赚钱。为了吸引观众的注意力，他们通常会带上一只穿着衣服的卷尾猴，让它训练有素地向观众要钱。当面对一只乞讨的猴子时，人们往往会为出于新奇而将手里的硬币给它，这种形式的街头艺术兴盛一时，以至于纽约街头的手摇风琴艺人一度达到 1 500 多人。查尔斯 · 狄更斯（Charles Dickens）抱怨说，在伦敦，他“写不到半个小时就会被一种折磨人的噪声打断，这种难听的声音来自街头的手摇风琴师”。随着 20 世纪初音乐版权法的通过，手摇风琴师很快消失了，随之消失的还有他们可怜的小猴子。

20 世纪 30 年代，一种新式的猴戏表演出现了，那就是——猴子骑师（monkey jockey）。这一次，又是聪明听话的卷尾猴被屈辱地打扮成一名搞笑的骑师，骑在灵缇** 上参加赛跑。在 20 世纪 30 年代到 50 年代末的美国、墨西哥、中国和澳大利亚，有一群群经过训练的卷尾猴参加灵缇比赛，之后这股热潮终于冷却下来。

* 伦敦著名剧院，已有 300 多年历史。

** 一种身材细长、善于赛跑的狗。

所有猴戏中，最令人难忘的是19世纪手摇风琴师的猴子，它们能训练有素地向观众伸手乞讨。

在佛罗里达州奥兰治公园（Orange Park）的灵缇赛道上，那天举行的第十一场比赛是一场特别的“猴赛”。一名参观者写道：

> 猴子们列队走上赛道……丝质骑装上披着油布斗篷……一旦自己的灵缇取胜，它们会显得特别高兴，一旦落败，它们通常会很生气，并狠狠地揍那只灵缇。为了看得更清楚，观众甚至不惜走出有顶的看台，站在雨里观看比赛。

澳大利亚的猴子甚至不得不忍受障碍赛的煎熬，当胯下的坐犬跃过障碍物和水洼时，它们只能紧紧地抓住它的后背。幸运的是，对这些猴子来说，紧紧地攀附在大动物的后背，给了它们一种似曾相识之感，因为它们小时候在野外生活时，肯定也曾这么攀附在妈妈的背上。

近来，人们对猴子骑师的兴趣有所回潮。在美国各地和节日巡回演出的节目“香蕉德比”（The Banana Derby）便是有猴子参加的赛狗比赛，只不过这个比赛并不是特别正式。现在它们骑在各种杂交狗的背上，而且比赛的要求没有原来灵缇比赛的那么高。即便如此，所有这些动物表演现在都受到了动物福利组织的严厉批评。“善待动物组织”（People for the Ethical Treatment of Animals，PETA）谴责它们说：

> 利用动物进行的各种游戏、骑乘和比赛根本不能使参加的动物感受到任何“快乐”。这些残忍的活

动经常成为筹款活动和募捐活动的一部分。动物们被从一个城镇运到另一个城镇，糟糕的生活环境使它们感到不快、沮丧、抑郁和焦虑。

现在西方持这种观点的人正越来越多，公众的舆论离马戏团的动物表演和杂耍正越来越远。现在普遍认为这些是过去无知的遗存，那时人们并不知道动物对环境需求的本质。然而，在东方，这种转变才刚刚开始。那里的街头和舞台上依然存在耍猴人，他们在疲倦地继续着自己的营生。例如，猴戏表演在印度尼西亚的街上非常常见。在位于爪哇岛上的雅加达市中心，可以看到最奇怪的猴戏表演。使这些盛装的猕猴显得非常怪异的是，它们都戴着人的面具，这使它们看起来像是小外星人。这些猴子一被捉住，就被送往猴子训练村，在那里一直待到可以上台表演为止。它们会成队地走过

即使是现在，猴戏表演在印度尼西亚依然盛行，在雅加达的市中心，那些戴着人类面具的着装猕猴看起来非常怪异。

繁忙的大街，乞求行人的施舍。这是现代版的手摇风琴师和猴子，只不过没有了恼人的音乐伴奏。

猴戏在今天依然非常常见，不只是印度尼西亚，印度、巴基斯坦、越南、中国、日本、韩国和泰国的情况也是如此。例如，泰国半岛东部苏梅岛（Ko Sumui）上的猴子剧场，每天都会有一个小时的大型豚尾猴（pigtailed macaques）表演，这些戴着项圈拴着绳子的猴子，不用再爬到高高的树上摘椰子，它们的工作已经改成了逗观众开心。表演一开始，猴子们会坐到观众的头上，以供观众照相。接着猴子们会拿着一张写有自己名字的海报绕场一圈，向观众介绍自己。在这过程中它们用两条腿行走，虽然这个姿势对猴子来说极不自然，但是却很像人类，因此观众很喜欢看。自我介绍结束后，它们会做一连串的

泰国苏梅岛的猴子剧场，观众付费即可观看豚尾猴的表演。

猴子剧场的所有表演都是猴子模仿人类的各种动作，例如举重。

俯卧撑，好像正在训练的运动员一样。接着它们会表演后空翻，然后是打篮球，在这期间它们表现出了惊人的投篮技巧。

这时，一名观众被请到台上，两只手用绳子绑住。再把绳子打上 10 个结，这样就很难解开。接着一只猴子被领过来，只见它三两下就把绳子解开了，其速度和灵敏度着实令人惊叹。

接下来模拟举重，然后是激动人心的玩火表演，只见一只猴子不停地转动一根两头燃烧的木棍。接着工作人员给两只猴子分别递了一把吉他，两只猴子随即把吉他挂在脖子上。其中一只采取了两腿站立的方式，开始用力地猛弹吉他，就跟摇滚明星似的。在所有的表演节目中，这是它们最不喜欢的一个，那只弹吉他的猴子一度把吉他掼在地上罢演。主人给了它一记爆栗，它才苦着脸不情愿地把吉他捡起来，将背带套在身上，再次把吉他弹得很响。表演终于结束时，这只猴子把吉他扔向了舞台对面，让主人清楚地知道自己对这种娱乐形式的看法。

在猴子剧场，一只猴子正不高兴地弹着吉他。

向观众兜售各种小东西。

猴子剧场中，猴子的最后一场表演。

紧接着，舞台上竖起一列牌子，牌子上写着数字，从 1 到 9，依次排列。为了增加测试的难度，将牌子的顺序打乱。接着给一名观众也发了一套一模一样的牌子，牌子的正面朝下，这样就看不到数字。观众挑出两张牌，并把第一张给猴子看。这是一张上面写着数字 5 的牌子。猴子于是走到舞台上，挑出那张写有数字 5 的牌子，递给主人。接着又重复了一遍数字 9，这说明豚尾猴能够学习并识别数字。

然后工作人员给每只猴子发两个小篮子，让它们向观众兜售一些小东西。如果有人把一张钞票放进篮子里，猴子就会从另一个篮子里拿出一件小东西递给这名观众。作为奖赏，每只猴子事后都会得到一碗甜浆，但是它们只能用调羹吃，就跟人用调羹喝汤一样。它们一勺一勺，非常认真且耐心地把甜浆喝完。最后一个节目，是给每只猴子发一个椰子，让它们表演转椰子，一开始椰子放在地板上，后来由观众举得高高的，不论椰子在哪，猴子都转得非常起劲。猴子在最后这个节目中表现出来的力气，清楚地说明了它们是如何将一颗结在树上的椰子拽离树干的。

不可否认，通过训练猴子做出种种不自然的动作，猴子剧场向观众展示了猴子非凡的忍耐力，以及它们的聪明和灵巧，但是剧场的总体气氛却像是那种不光彩的马戏团表演，观众喜欢看的，主要是猴子做出和人类相似的种种滑稽动作，而不是这些饱经磨难的灵长类动物令人惊叹的才艺本身。

第六章

为人类所用的猴子

Chapter Six　Monkeys Exploited

除了当宠物和表演猴戏之外，猴子还有另外 4 种用途。很多年来，猴子都是人类获取食物的好帮手。近年来，猴子被用来代替宇航员进行太空探索，同时还在医学研究和实验中被用作人类的代替品。最后，它们最新的角色是被用作动物护工——协助那些需要帮助的残疾人。

获取食物的好帮手

几百年来，某些种类的猴子成了世界各地的椰子种植园的帮工，以帮助人类从高高的椰树上采集沉重的椰子。它们的数量众多，而且非常廉价，肯定被人类视为重要的家畜。一个最好的例子就是现在的苏梅岛。苏梅岛位于泰国半岛的东部，是泰国著名的椰都。岛上有 1 000 多个椰子种植园，其中大约有一半雇用猴子做帮工。这些猴子摘起椰子来，比使用绳子和梯子的人类要快得多。

他们只雇用一种猴子——豚尾猴，泰国人称之为“林康”（lingkang）。岛上生活着另外一种野生的长尾猕猴，但是据说难以驯养。豚尾猴非常聪明，而且很听话，可以任由人类摆布。被利用来摘椰子的只有雄猴，因为它们的体型和力气都

泰国苏梅岛的椰子种植园，一只猴子正在工作。

比雌猴大。人们让豚尾猴在岛上的雨林中繁殖，然后把小猴子抓来喂养，同时用心地训练它们。

训练过程分为三个阶段。第一阶段，主人会给小雄猴戴上项圈，系上绳子，像宠物一样喂它和照料它。在这个过程中，小猴子和主人之间产生了亲密的感情。接下来，等它稍微大一点时，再让它认识椰子。主人拿出一颗椰子，用铁棍纵向刺穿它，然后等猴子在旁边看时，便利用铁棍为轴心，不停地转动椰子。他不停地这么做，直到有一天，贪玩的小猴子也想试一试。小猴子学着主人的样子，试着转动椰子，当它成功时，主人便称赞它，并给它奖励。不久它就整天忙着转椰子了，而且手脚并用，转得越来越快，直到完全对这个动作得心应手。

第二阶段是让小猴子试着转动地上的椰子。由于没有插上铁棍，椰子转起来会比较困难，然而一旦猴子的努力有成功的迹象，便再次对它进行奖励。接下来就是第二阶段的训练了，鼓励猴子爬到椰子树的顶端。猴子一旦爬到树梢，就会发现那儿长着好多转不动的椰子。一开始猴子会感到迷惑，接着会用力地扳动它们，最终，有一个因扳动得太厉害而掉了下来。椰子掉到了地上，这一次猴子得到了更大的嘉奖。现在，那只爱转椰子的贪玩的小猴子逐渐变成了一只认真扳椰子的大猴子，于是长期的劳动开始了。

最困难的是第三阶段。猴子需要学会判断哪个椰子已经成熟，哪个尚未成熟，并且只扳动已经成熟的那些。这是一个缓慢的学习过程，训练者需要具备极大的耐心。等到猴子长到三四岁时，它们的效率达到最高，受到的奖励也最多。它们将再工作 10 年左右，等到退休时，它们已经为各自的主人采摘了大量的椰子。

猴子每次上树工作时，脚上都系着长长的绳子。必须给它们戴上项圈，系上绳子，因为一旦它们发现自己完全自由了，很可能就会逃进雨林，再也不回来了。它们也许非常合作，但是它们非常聪明，知道还有另外一种生活方式。当摘完第一棵树的果实之后，它们并没有下到地面，而是直接跳到相邻那棵树的树顶，然后开始工作。只有在长时间的工作告一段落之后，它们才会下到地面。

除了摘椰子的主要工作以外，豚尾猴有时还会帮助主人采摘其他的果实，例如芒果。现在，为了支持旅游业，它们中有些还被系上绳索，在一两个种植园向外国游客表演。

太空探索中的人类替代者

在太空竞赛的初期，苏联和美国都用过猴子代替宇航员。这些早期的太空飞行非常危险，大家认为用火箭把人送上太空风险太大，于是猴子注定要因为它们的基因和人类相似而受苦。毫无意外，它们中许多都没有生还。

1948—1997 年期间，总共有 32 只猴子被送上太空。美国送了 18 只，苏联送了 12 只，法国送了 2 只。被用作太空实验的猴子有 4 种，其中最常见的是猕猴。另外还有 6 只松鼠猴、2 只食蟹猴和 1 只豚尾猴。

如果我们接受官方的定义，认为距离地球 100 千米的地方就是“太空”，那么第一只进入太空的猴子是名为“阿尔伯特第二”（Albert II）的猕猴，他于 1949 年 6 月 14 日到达了 134 千米的高空。遗憾的是，他没能活着庆祝这个重大的时刻。

有几只猴子完成了飞行，但是却在返回地球时死去。第一只活着完成长途飞行的是名为“贝克小姐”（Miss Baker）的小小松鼠猴，她以 16 000 千米的时速在太空飞行，并在 1959 年 5 月 28 日飞过木星时，承受了 32G 的重力加速度。她活到了“耄耋之年”的 27 岁，直到 1984 年才死去，官方为她举行了正式的葬礼，并将她安葬在亚拉巴马州亨茨维尔（Huntsville, Alabama）的美国太空及火箭中心（United States Space & Rocket Center）墓地。

不幸的是，贝克小姐的例子在这些勇于开拓的太空猴中并不具有代表性。一般来说，他们成活的概率非常低。有 4 只猴子死于返回地球时的降落伞故障；有 2 只死于爆炸；1 只在

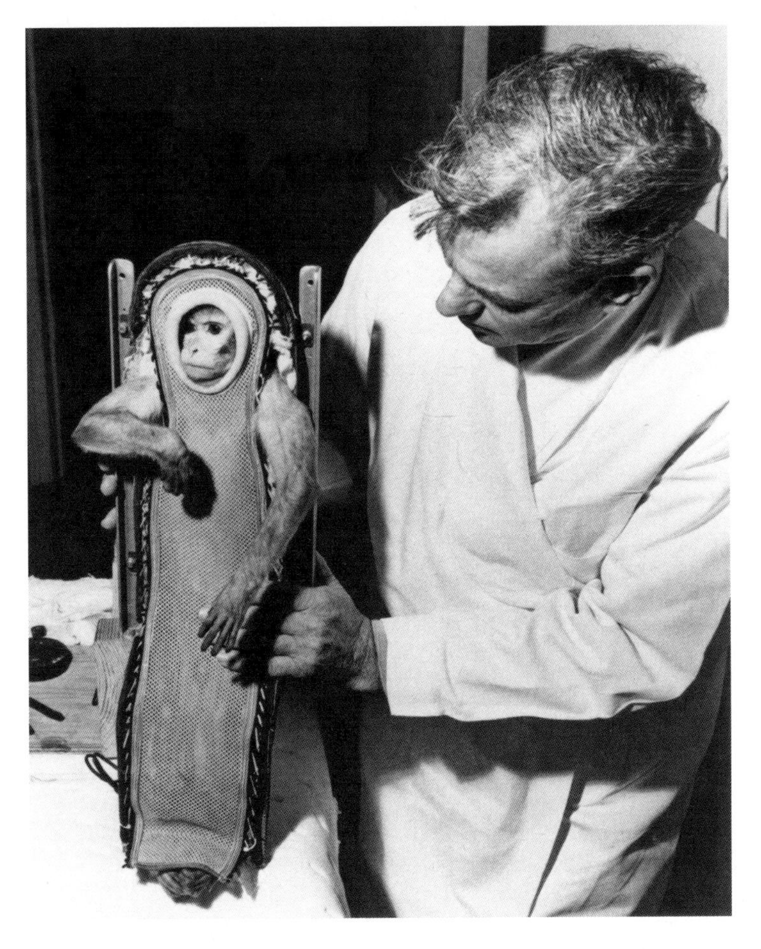

1959 年 12 月 4 日，乘坐“小乔二号”(Littel Joe II）宇宙飞船的猕猴“山姆”(Sam）成功完成了飞行。他曾到达 85 千米的高空。

宇宙飞船中窒息身亡；1 只在宇宙飞船降落时死亡；1 只降落后在海上失踪；1 只在治疗热应激反应时死亡；1 只在着陆后做活组织检查时死亡。

大部分太空猴在一天之内往返，但是有些待的时间则要长很多。1989 年 9 月 15 日，俄国人把两只名为“扎科尼娅”（Zhakonya）和“扎比娅卡”（Zabiyaka）的猕猴送上太空，直到28 日才让她们回来。她们一共在太空待了13天零17个小时，创下了猴子在太空待得最长的时间纪录。

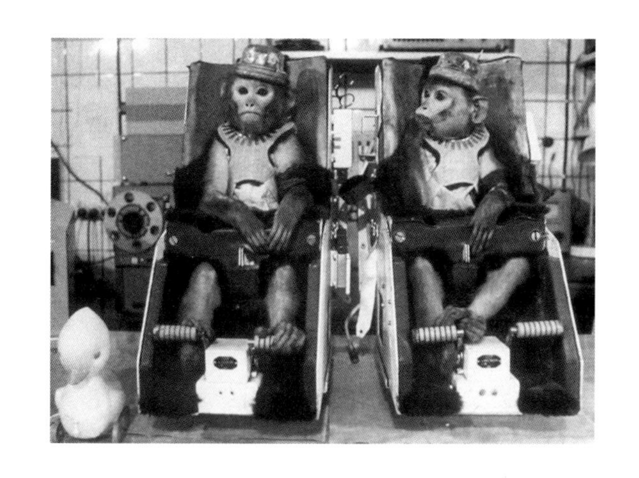

作为苏联和美国合作的生物卫星计划（Biocosmos space programme）的一部分，1985年，猕猴韦尼（Verny）和戈迪（Gordy）被送上太空。

俄罗斯人的另一次成功探索和一只名为“克洛什”（Krosh）的猕猴有关，“克洛什”于1992年12月29日升空，直到1993年1月7日才返回地球，后来还能够交配并产下后代。对后来的苏联宇航员和美国宇航员来说，这是一个令他们感到放心的天大的好消息。

如果有人对这32只太空猴的恐怖遭遇感到不安，那么必须想到，如果这些飞行试验全部由人类的志愿者去执行，情况将会怎样。关于在危险的情况下使用猴子代替人类是否道德这一伦理问题，将是未来许多年里引发争论的一个话题。就太空试验而言，只有极少数的猴子受苦，但是与此同时却挽救了几乎同等数量的人类生命。与另外一种大量使用猴子的试验——医学实验——相比，情况有很大的不同。全世界死于科学实验的猴子确实已经有几百万只，它们为医学的进步贡献了自己的生命。许多人认为这没什么大不了，但另外一些人却极力反对这么做。随着双方的争论越来越白热化，请让我简要地介绍一下事情的真相。

实验中的人类替代品

每年有成千上万只猴子在实验室受苦，其中大部分是猕猴和绿猴。美国每年用于科学实验的猴子大约为 60 000 只；欧洲大约为 10 000 只。动物福利组织近来要求全面禁止这类研究，这个举动引起了医学界的恐慌。

那些要求禁止这类研究的人认为，不能这么残忍地对待这些聪明而又敏感的动物。他们大力抨击那种必须用猴子做实验——因为猴子和人类非常接近，实验的结果可用于人类的观点。他们指出，如果猴子和人类是近亲，那么人类在猴子身上做的一切就是折磨。

面对非难，科学研究者们奋起自卫。一名科学家简洁地表明了自己的观点：

> 我是一名外科医生，同时也是一名科学家，诱使猴子患上帕金森症是我工作的一部分。我的研究表明，大脑中一个从未与帕金森症有联系的区域显得过于活跃，对这个部位进行手术，降低其活跃程度，能非常有效地缓解帕金森症的症状。后续的国际研究使用了大约 100 只猴子，迄今为止，已经有大约 40 000 人从这项研究中获益。

换句话说，你怎么能够因为区区 100 只猴子而反对一项使 40 000 人受益的研究？举个例子，如果你亲爱的爸爸患上了帕金森症，你会因为将牺牲几只实验的猴子而拒绝让他接受治疗吗？当这个问题因此而变成私人问题时，大多数人尽管感到不安，还是会将亲人的健康置于猴子的生命之上。问题的难处就在这里。

另外一名科学家也有类似的观点：

> 灵长类是唯一一种患有丙型肝炎（Hepatitis C）等人类疾病的动物……现在有1亿多人感染了这种病毒，这个后果将是毁灭性的。问题的关键是，灵长类动物为我们提供了培育疫苗的唯一样本。如果禁止用灵长类动物做研究，我们治疗丙型肝炎的希望将彻底丧失。

也有人指出，禁令"将迫使我们放弃老年痴呆症、运动神经元疾病、中风等疾病的新疗法的研究"。

在那些反对用猴子做实验的人看来，这些都是诡辩。他们执意认为，在96 000只被囚禁在美国实验室的猴子中，灵长类动物的研究只占到一小部分：

> 大部分灵长类动物并不是用于研究导致美国人死亡的头号疾病。用于研究灵长类动物心理学、酒精和药物成瘾、大脑图谱（brain-mapping）和性关系的灵长类动物，要远远多于研究心脏病和癌症的灵长类动物。

据报道，美国每年要进口20 000只猴子用于毒性试验——试验会导致猴子的死亡。这些试验的细节没有公开，动物权利保护者于是雇用卧底来获取这些资料。

动物实验室中的猴子。

因此，如果实施更加严格的实验猴管理规则，只允许必要的医学研究使用，实验猴的数目将会迅速减少。但是，其他反对使用实验猴的人则希望更进一步，完全停止使用猴子。

“取代医学实验动物基金会”（Fund for the Replacement of Animals in Medical Experiments，FRAME）曾发布一份报告，要求寻找到其他的替代品，代替医学研究中的灵长类动物。他们说：

> 灵长类动物常常要经受有害而痛苦的手术，而且一生都被囚禁在实验室里：因此，这种追求人类疾病“模型”的不当做法显得越来越不道德。

第一只使用胚胎分割（embryo-splitting）技术成功克隆的猕猴泰特拉（Tetra）。1999年，泰特拉诞生于美国俄勒冈国家灵长类动物研究中心（Oregon National Primate Research Centre）。

他们在报告中指出：

> 有人说，太空动物实验找不到其他的替代品，但是一旦禁止这些实验，业界很快就会找到其他的方法。同理，禁止灵长类动物实验，将有助于科学家集中精力解决这一问题。

反对者还说：

> 其他方法现在更有利于研发出新药和新的治疗法，例如，实验室中培育的人类细胞。现在，这些技术可以在实验中取代灵长类动物。

辩论还在继续。

这个问题可能不久就会通过立法解决，至少欧洲是如此。继完全禁止将类人猿例如黑猩猩（chimpanzee）用于医学实验之后，欧洲议会（European Parliament）各成员国现在正考虑禁止使用一切猴子。这样一来，广受批评的长期虐待猴子的现象将会停止，但是一些重要的医学研究领域将不可避免地因此受到影响。

最近，一些反对用猴子做实验的极端分子，由于担心美国不可能引入此类立法而将斗争推向了新的高度。他们到使用实验猴的科学家的洛杉矶住所外示威；在其中一人的家门口放置燃烧弹（Molotov cocktail），在另一个人的家里制造水灾，在第三个人的汽车下面放置炸弹，并烧毁了第四个人的轿车。[1] 其他地方也爆发了抗议活动，当局有时不得不向研究人员提供特别的保护措施。

这个问题显然不是一朝一夕能够解决的。科学家最好控制一下，只在那些对人类健康特别有价值的实验中使用猴子。那些反对者也别忘了，他们投掷燃烧弹的那些研究人员，同样也是需要保护的灵长类动物。

伤残人士的好帮手

近年来，一种利用猴子的新方式已经诞生，那就是训练它们为那些重度残疾的病人服务。[2] 这里使用的是聪明的中南美洲卷尾猴。人们把刚出生不久的小猴子从特殊的圈养繁殖基地抱来，把它们养在一户人家的家里，这样它们就会习惯与人类相处，并熟悉那种特殊的环境。抚养猴子的过程非常漫长，一般需要 3~5 年的时间。然后让它们接受长期严格的系统训练，学习如何帮助患有严重残疾、行动不便的人。

对驯猴师来说很不幸的是，卷尾猴的性格千差万别。一些太闹腾，一些不可靠，一些过于好斗，诸如此类。只有一小部分经过精心喂养，能够拥有这种特殊工作所需要的安静、友好和稳定的性格。其他的统统不合格。

那些高度配合的猴子经过充分的训练之后，会被安排到一些患有严重残疾的人身边，这些人甚至连最简单的生活都无法自理。只需向猴子发出一系列简单的指令，它们就会做出相应的反应，其中一些猴子表现出相当高的智力和操作水平，着实令人惊叹。

这些专业的“猴帮手”所做的事情包括用微波炉做饭、开瓶盖、从冰箱里把食物取出来、打开或者关闭电灯开关、按下按钮、翻书、把掉在地上的东西捡起来、操作 DVD 播放

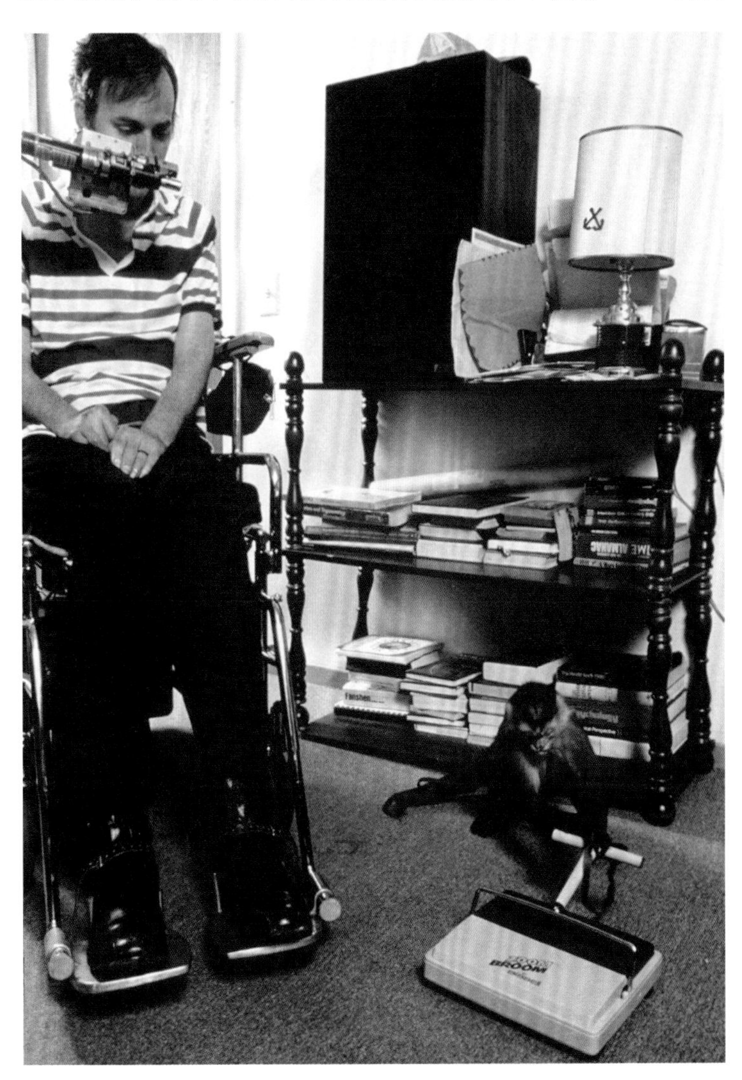

一些卷尾猴经过训练，能够成为那些身体有严重残疾的人的生活好帮手。

机，甚至帮病人洗脸，或者是用勺子喂他们吃东西。

提供这些“猴帮手”的是美国一个名为“帮手”（Helping Hands）的非营利组织。这个组织从1979年开始运营，不断地发展壮大，每年提供的猴子越来越多。一些猴子和人类的关系已经持续了20多年，这反映了这个组织运作的成功。幸运的是，卷尾猴的寿命非常长。

第一只“猴帮手”是一只名为“埃利翁”（Hellion）的卷尾猴，他服侍的是一名四肢瘫痪的患者罗伯特·福斯特（Robert Foster），后者在一次车祸中失去了四肢。福斯特用一个口部操作的激光器，告诉埃利翁应该做什么。埃利翁的任务包括给他梳头、把食物放进他的嘴里、锁门、操作立体声音响，甚至还包括用一个小型的吸尘器清洁地板。令人惊讶的是，他们的亲密关系维持了28年之久，直到2007年罗伯特·福斯特去世。埃利翁比福斯特多活了4年，于2011年7月去世。

不可避免地有动物福利组织对这种做法表示反对。他们警告，随着年龄的增长，即使那些最温顺的卷尾猴也可能变得不可捉摸、具有攻击性且令人讨厌。尽管如此，“帮手”组织说，在动物与主人的配对中，有80%的成功率。其他的批评者说，整个“猴子护工”的运营理念对卷尾猴来说是非常不公平的。对此，一名因有“猴子护工”陪伴而能够独立生活的瘫痪病人有力地回应说：“不知道这些反对者中有几个是重度残疾。”

第七章

猴子语录

Chapter Seven　Monkey Quotations

猴子作为文学作品的主题，几乎从未存在过。如果一只灵长类动物即将成为一本书或者一部电影的主角，那他肯定是一只类人猿——通常是黑猩猩，有时是大猩猩（gorilla）或者红毛猩猩（orang-utan）。在文学界，猴子的光芒总是被这些体型硕大的类人猿掩盖，在作者眼里，它们的作用非常有限，只有在需要弄只异国宠物来开个小玩笑，或者是需要把家里弄得一团糟时才会想到它们。格言和语录界情况也是如此。有些动物成了许多著名短语和谚语的灵感来源，然而猴子却不是。

为什么会这样？少数几条猴子语录中的一条也许可以解释一二。1820年，英国才子亨利·勒特雷尔（Henry Luttrell）解释说："我不喜欢猴子——它们总是让我想起穷亲戚。"换句话说，一旦想起猴子和它们的特征，我们可能会感到尴尬。

不久之后的1862年，美国牧师亨利·沃德·比彻（Henry Ward Beecher）公开声称："猴子是对人类一种有组织的讽刺。"比彻说这番话时，达尔文的《物种起源》（*The Origins of Species*）已经出版了三年，令人颇为意外的是，比彻竟然是达尔文学说的支持者。他仿佛在说，就新发现的猴子在进化上的重要性而言，可以认为猴子揭穿了人类的底细。

（右页图）加布里埃尔·冯·马克斯（Gabriel von Max），《正在阅读的猴子》（*Monkey Reading*），1915年，画板油画。

最著名的一条猴子语录可能是："给猴子一台打字机并让它不停地乱敲按键，只要时间足够长，最终它将打出全套的莎士比亚作品来。"这个想法引起了数学家的兴趣，他们说，虽然理论上并非不可能，但是实现这个奇迹需要的时间，比宇宙年龄* 的 100 000 倍还要多。因此，要是有人希望坐下来看这只猴子打字，真的需要很大的耐心才行。

作为"行为艺术"的一个例子，普利茅斯大学（Plymouth University）的讲师的确弄来了 6 只圈养的猕猴和一个电脑键盘，看看会有什么事情发生。一个月后，这些来自动物园的猴子已经打出了 5 张纸，其中大部分都是字母 s。

近来，猴子写出莎士比亚作品的说法已经成为大量笑话的来源。一名演讲者大声地说："我们听说要是 100 万只猴子敲打 100 万个键盘，就能写出整套莎士比亚的作品来；现在，多亏了互联网，我们才知道这个故事不是真的。"另外一个说："我听说有人尝试了猴子敲键盘这个实验，想写出莎士比亚的戏剧来，结果写出来的却是弗朗西斯·培根（Francis Bacon）的。"还有一个说："我听说，如果你把威廉·莎士比亚和一台打字机锁在房间里足够长时间，最终他会写出所有门基乐队（Monkees）** 的歌来。"

其余的猴子语录分为两类：一类认为，某种程度上，这些天真简单的猴子要优于狡猾复杂的人类；另一类认为，猴子本质上是一种劣等生物。

第一类语录有以下这些："猴子比人类优秀的地方在这里：当一只猴子照镜子时，他看到的是一只猴子。"以及："猴子忍住不说话，这是非常明智的，以免被送去谋生。"后来的

* 据科学家计算，宇宙的年龄大约为 138 亿年。

** 美国乐队，成立于 20 世纪 60 年代，又称猴子乐队。

一个版本是："他知道什么时候应该闭嘴，这是猴子和人类相比，最大的优点。"一则西非的谚语是这么说的："没有一只猴子会耻笑对方。"

有一首歌叫《三只猴子坐在椰子树下》(*Three Monkeys Sitting Under a Coconut Tree*)，副歌部分是这么唱的：

> 有个不可能是真的奇怪谣言。
> 说人类来源于我们这个高贵的种族，
> 但是这么说真是对我们极大的侮辱。
> 因为没有一只猴子会抛妻弃子
> 把全家人的生活弄得一团糟。

新奥尔良（New Orleans）的古董商店橱窗中戴眼镜的猴子。

那些认为猴子是劣等生物代表的语录也有不少，包括爱默生说的“奴隶制是把人变成猴子的鬼制度”。马克·吐温说：“我相信天父创造人是因为对猴子感到失望。”包括温斯顿·丘吉尔在内的几位政治家曾经说过：“当街头风琴师在房间里时，千万不要和猴子讨论。”

最后，伟大的英国物理学家斯蒂芬·霍金的一句话使猴子和人类瞬间都变老实了：“我们只是一颗非常普通的恒星的一颗小小的行星上的一种高等猴子而已。”

如果我们是一种高等猴子，那么意味着猴子是我们的低级版本。这种观点，被人用肢体语言表述后，上了2012年的新闻，当时一名球迷被警察逮捕了，原因是他在比赛期间做了一个“猴子手势”，朝对方的一名黑人队员大吼大叫，并且做出手臂弯曲的侮辱性手势。官方认为这个手势是“种族歧视手势”，当然实际情况并非如此。它是一个“物种歧视手势”，只有在认为人类比猴子高级时，这个手势才具有侮辱性。

事实上，在热带雨林的树梢上，猴子要远远优于人类，即使在城市里它们处于弱势。换句话说，与其费尽心思思考猴子比人类高级还是低级，还不如将其看成完全不同的两个物种。

第八章

猴子和画家

Chapter Eight　Monkeys and Artists

猴子从未成为画家主要关注的焦点。当涉及动物题材时，最受欢迎的总是家庭饲养的品种。每一幅猴子画像，都有一千幅狗或者马的画像与之对应。对于野生动物画家来说，这句话也是成立的，只不过狗和马换成了狮子和大象。尽管如此，仍然有一些例外[1]，从 15 世纪的皮萨内洛到 20 世纪的毕加索，都是画猴的杰出艺术家。由于没有一个贯穿的主题——一些画家把猴子作为一种象征，其他的只是简单地描绘猴子——这里最好的方法是按时间的顺序，一个画家一个画家地介绍这些猴子画像，根据每幅画自身的特点对其进行分析。

皮萨内洛

第一个把注意力集中在猴子身上的重要画家是安东尼奥·皮萨内洛（Antonio Pisanello，1395—1455），意大利文艺复兴刚刚开始时的一位画家。皮萨内洛曾被形容为“第一位一般意义上的人道主义画家”，他的笔触娴熟而准确，猴子的神态逼真，很容易被当成 20 世纪现代野生动物画家的作品。这里没有前几个世纪主宰着猴子画像的宗教符号。它们不是格言和童话中的猴子，也不是寓言中的猴子。它们就是猴子，没有任何附加的道德含义。

皮萨内洛的草图大部分画于15世纪40年代晚期，它们现在被小心地保存在巴黎卢浮宫（Louvre）的“瓦拉迪手稿”（Codex Vallardi）* 中。这些猴子形态各异，有的警觉地站着，有的沾沾自喜，有的难过地蹲着，有的正在睡觉。他高超的绘图技巧使几百年后的大型自然历史图卷中出现的猴子插图显得既生硬又老土。

*1856年3月，巴黎卢浮宫花35 000法郎从米兰古董商朱塞佩·瓦拉迪（Giuseppe Vallardi）手里收购了一批画作，这批画作被称为“瓦拉迪手稿”。

15世纪早期，时髦的王公贵族家里经常会豢养一些珍奇的鸟类和哺乳动物，皮萨内洛的素描无疑画于这样一个王公贵族之家。他笔下的一些猴子系着腰带，这证明了它们是圈养的动物。

15世纪40年代末皮萨内洛的素描展示了猴子的各种形态。

阿尔布雷希特 · 丢勒

德国伟大画家阿尔布雷希特·丢勒（Albrecht Dürer，1471—1528）于1498年创作了一幅著名的版画，名为《圣母与猴子》（*The Virgin with the Monkey*），多年来专家们一直对这幅画感到困惑。圣母和怀中的婴儿耶稣是按传统手法描绘，然而圣母右脚旁那只拴着的猴子却显得很不正统。圣母坐在一排低矮的木栅栏上，猴子被拦腰绑着，也拴在栅栏上。

那种认为这是圣母玛利亚养的一只宠物猴的观点显得有些可笑。所有评论过这个奇特场景的艺术史学家都一致认为，这只动物代表的并不是它自己，而是代表了某种其他的东西。这幅版画创作的年代，正值构图中经常引入动物，以表达某种象征意义的年代，毫无疑问，这幅画的情况也是这样。

一名艺术史学家认为，这只猴子象征着人类最基本的动物本能，它的被拴意味着圣母玛利亚伟大的力量已经将其制服和俘虏。另外一名艺术史学家认为："戴着镣铐的猴子代表了世俗享乐的牢笼。"还有一名艺术史学家认为这只猴子是好色、贪婪和贪吃的象征，这些都被神圣的圣母打败了，因为绑着的猴子显得无能为力。最后，还有一个人说，这只猴子象征着纯洁的圣母征服魔鬼的方式。

这些解释彼此之间差别不大，都很有道理，但是丢勒画的猴子并没有半点儿这些卑鄙的特征。它看起来瘦骨嶙峋，病恹恹的，而且很温顺，不太可能贪吃、好色和干坏事。看起来似乎是丢勒在创作这幅画时，很喜欢这只猴子，并把它画了下来。丢勒给这只猴子画的脸部斑纹虽然有些夸张，但阿尔布雷希特·丢勒 1498 年创作的版画《圣母与猴子》，多年来一直令专家们感到不解：圣母和圣婴都按传统的手法描绘，可是增加的那只猴子，却令人非常意外。

是却清楚地表明这是一只黑长尾猿（vervet），这种猴子在整个非洲都很常见，虽然有点早，但丢勒很可能在北欧某个人家家里见到过这种珍奇的宠物。猴子的神态安静而拘谨，根本没有一些人所认为的那种邪恶特征。你只能猜测，是圣母温柔的力量消除了它所有的动物特征，使它变成了一个听话但却有些悲伤的朋友。

许多年后的一件事，证明了丢勒对猴子有着不一般的感情。1520年，他去荷兰访问时，见到了一只幼小的地中海猕猴，并准备用5个荷兰盾（golden guilders）把它买下来，要知道这笔钱在今天相当于350英镑还不止。丢勒的许多素描和油画表明，身为一名画家，他很难抑制自己对动物题材的喜爱，而且他尊重动物本身的权利，而不仅仅是将它们视为某种象征。

彼得·勃鲁盖尔

佛兰德的绘画大师老彼得·勃鲁盖尔（Pieter Bruegel the Elder，1525—1569）创作了一幅异乎寻常的油画，画上只有两只猴子。说它异乎寻常，是因为大部分早期的猴子画像都是把它们作为宏大作品中的细枝末节进行刻画。在勃鲁盖尔1562年创作的这个悲伤的场景中，只见两只猴子凄凉地蹲在一个宽阔的窗台上，沉重的链条紧紧地锁着它们的腰身。这些链条都拴在中间的圆环上，因此它们永远也无法回避对方。图中的地点已经被确认是安特卫普（Antwerp）菲利普堡（Fort Philippe）的一个山墙窗，远处可以看到这座城市的全景。似乎为了强调这两只被幽禁的猴子的悲惨处境，古堡的前方有两只鸟正展翅高飞。

艺术史学家说，勃鲁盖尔这幅阴郁的作品向我们传达了两个信息。第一，我们人类比自然优越，这两只猴子正是自然的代表。我们能够捕捉它们，随心所欲地奴役和利用它们。它体现了当时认为动物是“畜生”（brute beasts of no understanding）的基督教教义。有人认为，勃鲁盖尔是在哀叹宗教这种根深蒂固的自然观。

第二，也有人认为，勃鲁盖尔跟其他许多画家一样，可能是用猴子来象征人类的境况。它们坐在那儿，被链条拴得紧紧的，就像被不公正的枷锁和残忍的社会绊住不能动弹的可怜人一样。更具体地说，它们可能象征着尼德兰在西班牙统治下的悲惨状况。

一个更简单的解释是，压根儿就没有什么潜在的意思，画家只不过在家乡安特卫普看到了两只宠物猴，被它们的形态和神情所吸引，于是坐下来，为两个特别的模特儿画了一张像罢了。他仔细地刻画它们的外表，因此我们得以确定，这是两只来自西非的白领白眉猴（collared mangabeys，*Cercocebus torquatus*）。勃鲁盖尔画这幅画那一年，安特卫普与西非之间的白糖贸易正开展得如火如荼，因此不时可以从水手那儿买到宠物猴：这种珍奇的宠物显然引起了勃鲁盖尔的极大兴趣。

彼得·勃鲁盖尔，《两只猴子》，1562年，木板油画。

乔治 · 斯塔布斯

乔治·斯塔布斯（George Stubbs，1724—1806）虽然以擅长画马著名，但他同时也画其他动物。1774年，他以猴子为题材，绘制了一幅杰出的肖像画，表现一只正在摘桃子的猴子。画面右下角的地上有一小堆桃子，说明这些奇珍异果正是这只猴子摘的。

斯塔布斯给这幅画起了一个含义模糊的名字《猴子画像》（*Portrait of Monkey*）。25年后，不知何故，斯塔布斯精确地临摹了这幅画，并给它起了个更简单的名字《猴子》（*A Monkey*）。[2]他把这两幅画都送给了伦敦的皇家艺术学院（Royal Academy）。与后来临摹的那幅画相比，1774年创作的那幅画要稍微好一些，专家们认为："早期那幅画令人有种直接来源于生活的强烈感觉。"[3]

许多年后，有人给这幅画起了个名字《绿猴》（*The Green Monkey*），这个人对猴子的种类显然缺乏科学的认识，因为别的不说，其实绿猴的脸是黑色的。事实上，画中的动物是只年轻的猕猴，可能是一只来自东南亚的食蟹猴，桃子并不是它们的天然食物。尽管画面的背景颇具异国情调，但几乎可以肯定，这幅画是以一名主顾的私人动物园中养的一只猴子，或者是18世纪伦敦一位市民养的一只新奇宠物为蓝本创作的。与斯塔布斯的所有动物画一样，这幅作品对猴子的描绘几乎精确到了令人生厌的程度，因为，虽然有诱人的桃子，但猴子的身体看上去却严重地营养不良。

乔治·斯塔布斯，《猴子画像》，1774年，画板油画。

森狚仙

18 世纪末 19 世纪初日本有一位杰出的画家，他的作品显示出他对猴子的身体结构、动作、姿态和行为有着非常深厚的了解，远远超过了其他同行。森狚仙（Mori Sosen，1747—1821）擅长通过画作来表现日本猕猴（Japanese macaque）的性格和生活方式。他花了大量时间研究这些猴子在自然栖息地的活动，他对它们太着迷了，以至于很少在自己那些精美的作品中描绘其他的东西。森狚仙偶尔会画鹿和野猪，但猴子永远是他的最爱。

森狙仙的特殊成就在于用灵巧细腻的笔触准确地表现出猴子的神韵，他笔下的动物总是显得异常活泼，因为他善于捕捉它们“瞬间的动作”。遗憾的是，由于他的作品非常受欢迎，导致市面上出现了许多劣质的仿品，这些仿品的技法平平，也许最终将毁了他在西方的声誉。

森狙仙，《日本猕猴》(*Japanese Macaque*)，1800 年，绢本。

亨利 · 卢梭

法国“原始主义”画家亨利·卢梭（Henri Rousseau，1844—1910）有个广为人知的名字叫“关税员”（Le Douanier）。这里有个小小的误会，因为实际上他的日常工作是巴黎的税收员。他并非在边境检查入境的人们，而是忙着对从乡下运往首都的食品和烟草征收通行费。他还是一个小偷和大胆的自我主义者，但是当你看到他那充满魔力的画作时，所有这些都变得无关紧要。

亨利·卢梭，《热带森林》，1910年，布面油画。

卢梭热爱画画，他用自己的业余时间创作了几幅迄今为止最伟大的“业余”风景画。生前，卢梭那自学成才的绘画技法屡屡遭到嘲笑，但现在人们公认他可能是近代最率真的伟大画家。他尤其迷恋画热带森林，喜欢在浓密的树叶中间穿插各种各样的野生动物。

这些热带丛林完全是他想象出来的。终其一生他都没有离开过法国，而他距离野生动物最近的时候是在巴黎植物园（Jardin des Plantes）附属的那座古老的动物园里。

1910年，他完成了几幅以热带丛林和猴子为题材的大型作品。其中一幅画了4只猴子在洗劫一棵橘子树。两只吊在半空。一只已经掉在地上，却仍然锲而不舍地试图抓住落下的橘子，我们只能看见它张开的四肢。第四只坐在地上，已经开始享用手中多汁的战利品了。卢梭在这幅画中描绘了两种猴子——左边几只的脸是粉红色的，右边那只的脸是黑色的。

关于这只黑脸猴，卢梭在自己的个人画册中写道：

> 除了已经说过的印度教对这种动物的崇拜之外，我们还必须加上一点，那就是叶猴如此地随心所欲，似乎它们才是真正的主人。

这幅作品描绘了一片纯真的乐土，一个没有讨厌的人类掺和其中的快乐的伊甸园。卢梭的一位朋友说他“充满了对世间万物的爱，他如此平静，如此阳光，任何悲伤都奈何不了他”[4]。

保罗 · 高更

1893 年，法国后印象派画家保罗 · 高更（Paul Gauguin，1848—1903）给自己的模特爪哇人安娜（Annah the Javanese）画了一张像，画面上有只宠物猴坐在她的脚边。乍看之下，你可能会以为这是高更离开欧洲到南太平洋的大溪地（Tahiti）之后，创作的又一幅著名的异国风情画。然而实际情况并不是这样，这幅画诞生于完全不同的背景。

保罗 · 高更，《爪哇人安娜》（*Annah the Javanese*），1893 年，布面油画。

1891年，高更去了大溪地，在那里待了两年。1893年他回到巴黎，创立了一个工作室，在工作室画了两年画后，1895年高更又回到南太平洋。正是在巴黎短暂停留的这段时间，高更得到了这个他称为“安娜”的爪哇模特。高更买了只宠物猴送给她。他和安娜以及猴子都住在工作室里，这就是高更这幅画创作的背景。

安娜被人从东南亚带到巴黎，作为送给一名法国歌剧演员的礼物。警察发现这个女孩在里昂火车站（Gare de Lyon）附近游荡，脖子上面有块绣标，上面写着歌剧演员的地址，好像她是个尚未投递的包裹一样。被歌剧演员领走后，女孩为她做了一段时间的女仆，但很快就被解雇了，最后成了高更的裸体模特。虽然只有13岁，但她不久就成了高更的情人。

在工作室，高更似乎给了这只虽不快乐但却异常活泼的猴子充分的自由。一名来访的画家写道：

> 房间正中的天花板上悬着一根绳子，一只猴子一刻不停地顺着这根绳子爬上爬下。下面的地板上坐着一个黄皮肤的小个子女人。她穿着一条蓝色的棉质连衣裙，安静地笑着；她就是画家的情妇。[5]

工作室的冬天对于猴子来说实在太冷了。“一只瑟瑟发抖的猴子正蜷缩在画架之间，在这个充满异国情调的环境里……你会觉得自己正距离巴黎十万八千里。”另外一名来访者写道。[6]

在高更举行的宴会上，安娜曾裸体和猴子跳舞，并因此而闹得满城风雨，但高更热衷于将她们介绍给自己的客人。高更去布列塔尼（Brittany）旅行时，把这名女孩和她的猴子也带上了。安娜被当地人认为是巫婆，受到了攻击。他们朝她扔石子，高更在激烈的争吵和斗殴中被打断了腿。在去当地医院的路上，安娜歇斯底里地不停痛哭，那只猴子也激动地尖叫起来。高更和女孩发生了争吵，在彻底搜查过他的工作室之后，她带着猴子离开了巴黎。

高更画的这只猴子有着砖红色的毛发和淡蓝色的脸庞，颌下隐隐约约有些白色。高更的这种颜色组合使我们感到困惑，因为红色的毛皮意味着这是一只赤猴（patas monkey），然而蓝色的脸庞却是长尾猴（guenon）的特征。蓝色脸庞的可信度似乎更高一点，虽然画家在这里明显使用了艺术手法。

弗朗西斯 · 皮卡比亚

弗朗西斯·皮卡比亚（Francis Picabia，1879—1953）是 20 世纪初扰攘而叛逆的达达主义艺术运动的领军人物。作为先锋派艺术家中的一员，弗朗西斯讨厌欧洲的当权者，因为后者竟然允许一战这种恐怖的屠杀事件发生。他们的不满表现为试图摧毁一切形式的传统艺术，颠覆常规和意义。

1920 年，皮卡比亚无情地攻击了三位备受尊敬的艺术家。他把他们画成了一只尾巴夹在两腿之间的猴子。这幅作品题为《塞尚画像，雷诺阿画像，伦勃朗画像：静物》（*Portrait of Cézanne, Portrait of Renoir, Portrait of Rembrandt; Still Life*），由一只粘在帆布上的猴子玩偶构成，作品的标题用大写字母写在四周。

把公认的大师画成猴子，显然是一种严重的侮辱，而皮卡比亚的猴子已经成为人类愚蠢的牢固象征。虽然皮卡比亚发自内心地抨击传统艺术，但是这幅作品也被看成是一个笑话。事实上，第二年皮卡比亚就因为达达主义过于正经而将其抛弃。他在自己的告别演说中说道："达达，你们知道，一点儿也不正经……如果现在有人拿它当真，那是因为它已经死了！……我们必须像游牧民族跨越一个个国家和城市那样，跨越一个个思想。"

弗朗西斯·皮卡比亚，《塞尚画像，雷诺阿画像，伦勃朗画像：静物》，1920年，综合媒介。

巴勃罗·毕加索

巴勃罗·毕加索（Pablo Picasso，1881—1973）喜欢马戏表演，1901 年，“梅德拉诺马戏团”（Cirque Medrano）到巴黎演出，只有 20 岁的毕加索观看了他们的猴子表演，之后他创作了一幅名为《小丑和猴子》（*Clown and Monkey*）的作品。几年后的 1905 年，他又以这个主题创作了一幅大型速写，这幅画将成为他早期最著名的作品之一。这是一个充满温情的场景，一只非常温驯而友好的雄性狒狒同情地望着年轻的马戏团演员一家。这幅画的含义是，狒狒不仅和杂技演员一起在台上表演，还成为他们大家庭中的一员。狒狒不仅没有嫉妒刚出生的婴儿，还给人一种印象，那就是它将保护婴儿及其父母免受外界的伤害。毕加索似乎在说，这只狒狒并不是危险的宠物，而是忠诚的保镖。

因为，实际上，成年的雄性狒狒很容易变得狂暴，不管它们受过多么好的训练，毕加索对狒狒的处理如此温和，这与伟大的法国博物学家布丰伯爵（Comte de Buffon）* 的话有出入。布丰在 18 世纪曾经写道：猴子“天性活泼，脾气暴躁，爱耍性子，所有这些都无法通过训练得到改善。它们骄纵异常，与其说举止像人，还不如说像个疯子来得恰当”。尽管毕加索的看法有所不同，但他后来还是为 1936 年出版的布丰的书画了插图，这一次他又画了一只友好的狒狒，这只狒狒的手里拿着食物，脸上挂着淡淡的微笑。

* 法国博物学家、作家，法兰西学院院士，代表作为《自然史》。

毕加索在自己漫长职业生涯的许多场合画过猴子，显然猴子令他感到亲切。据说他年轻时曾养过几只宠物猴。毕加索晚年，曾有记者问他对黑猩猩会作画而且作品已经在伦敦一家画廊展出的报道有何看法。毕加索听后匆匆离开了房间，回来时他变得像只猴子似的挥舞着双臂，扑向记者，还咬了记者一口。没有什么比这更能表明他与猿猴之间的亲密关系了。

巴勃罗·毕加索，《杂技演员一家和猴子》(*The Acrobat's Family with a Monkey*)，1905 年，综合媒介。

1950年，毕加索制作了一尊青铜雕塑《狒狒与幼崽》（*Baboon and Young*）。这件作品的奇特之处在于用青铜进行浇铸之前，毕加索使用的都是一些看似不可能的材料。这些材料都是散落在他的工作室周围，被其他的画家忽视，然而毕加索看到了它们视觉上的可能性。

毕加索的艺术经销商给他的小儿子克劳德（Claude）买了两辆小小的玩具车，一辆是“潘哈德”（Panhard），一辆是“雷诺”（Renault）。看到自己的玩具被拿走，4岁的克劳德颇为不高兴，但毕加索还是强行征用了这两辆玩具车，他把“雷诺”倒着放在“潘哈德”的下面，作为狒狒的头部。上面一辆车的前脸变成了狒狒的长鼻子，车顶变成了狒狒的头盖骨。两只眼睛安在挡风玻璃的后面。上下两辆车之间的空隙变成了狒狒微微张开的嘴巴。下面那辆车的前脸成了狒狒的下颚。从附近一个废物堆里找来的两个壶柄做了两只耳朵。狒狒的身子是一个圆形的大瓮，上面的两个把手就成了肩膀。为了塑造狒狒的长尾巴，毕加索使用了一根尾端向上卷的旧汽车弹簧。再加上其他的细节，一尊雕塑就完成了。

当这些普通材料奇怪地混搭在一起，然后铸成青铜时，出来的效果是震撼性的，我们看到一只站着的狒狒，怀里紧紧地抱着它的幼崽。毕加索成功地把一些微不足道的东西变成一尊具有震撼力的雕塑——他将这尊雕塑称为“祖先”。如果知道自己的玩具车将在2002年的拍卖会上拍出近700万美元的高价，克劳德会怎么想，我们就不得而知了。

几年后的1954年，毕加索再次以猴子为题材，创作了180幅系列速写。[7]其中一幅画了一个美丽的年轻女孩两腿张开倚在墙上。她的怀里躺着一只温驯的猴子，穿着长长的轮状褶领和短短的百褶裙。猴子抱着女孩的膝盖和脖子，转过头来看着女孩拿在手里的苹果。女孩微笑地看着自己的宠物，想看看它是否会过来抢苹果。如果这只猴子是雄性的，那么这就是伊甸园里夏娃给亚当吃苹果的荒诞模仿，但是猴子肿起的臀部说明，事实上，这是一只发情的雌猴。

这幅画是毕加索这一长长的系列中最后也是最好的一幅，它跟毕加索的其他许多作品一样，令我们想起了毕加索与杂技演员和马戏团成员之间的视觉爱情。通过女孩和猴子的服装可以判断，她们都是马戏团演员，可能正在幕间休息。女孩与猴子之间的关系轻松友好而又亲密，甚至有点色情的意味，因为猴子正好位于女孩的两腿之间，然而性的因素却无法盖住那主宰画面的无邪气氛。

马克斯 · 恩斯特

德国超现实主义画家马克斯·恩斯特（Max Ernst，1891—1976）很少画猴，但是在他1922年创作的一幅杰出作品《蓝猴与花》（*Blue Monkey with Flower*）中，他在醒目的位置详细刻画了一只猴子。这幅奇怪的画，几乎可说是一幅简单的猴子肖像，但又不完全是，关于它的真正含义是什么，已经引发了许多讨论。

一派观点认为，蓝猴是画家作为一名炼金术士的自我写照。[8]作为一幅自画像，它当然有着恩斯特那双敏锐的蓝眼睛，

马克斯·恩斯特，《蓝猴与花》，1922 年，布面油画。

这是朋友们眼中恩斯特最主要的特征。值得注意的是，如果你将这幅画和一张蓝猴的相片放在一起，就会发现，为了与自己眼睛的颜色保持一致，画家故意改变了猴子眼睛的颜色。除了眼睛和脸颊，恩斯特对猴子颜色的把握还算准确。现实生活中，蓝猴的脸颊呈蓝灰色，而眼睛则是淡橘色的。画中这几处颜色都被故意改掉了，脸颊变成了橘色，而眼睛则变成了蓝色。因此，认为这是一幅古怪的自画像的说法似乎颇有道理。

与炼金术之间的联系则有些虚无缥缈，虽然画面的左下角有一只熊熊燃烧的火炉，也许一名炼金术士正忙着把自然界的铅块变成艺术界的黄金——就像恩斯特把自然界的猴子变成了奇怪的自画像一样。事实上，恩斯特自己曾经谈到过“大学炼金术”，意思是，艺术家把劣质广告等现有图像变成了令人激动的新的视觉语言。另外，如果恩斯特知道猴子在格兰维尔的笔下成了模仿的象征，那么事情就讲得通了，因为炼金术士千方百计地想仿制出天然的作品，许多画家也在这么做。

恩斯特把这幅猴子画像献给了 4 岁的塞西尔（Cécile），一名他刚刚认识的情妇的女儿。这名情妇后来成了萨尔瓦多·达利（Salvador Dali）* 的妻子——加拉（Gala）。在 1922 年夏天拍摄的一张他们的合影中，塞西尔抱着一个毛茸茸的大玩具，那是一只猴子——这幅画的创作灵感无疑来源于此。[9]

* 西班牙超现实主义画家，与毕加索和马蒂斯一起被认为是 20 世纪最具代表性的画家。

格雷厄姆·萨瑟兰

英国画家格雷厄姆·萨瑟兰（Graham Sutherland，1903—1980）创作了几幅以“猴子”为题的作品，然而这些画通常描绘的都是大型的类人猿——红毛猩猩。1965—1968年期间，他开始创作自己的动物寓言集，其中就包括一只真正的猴子。格雷厄姆是在参观了纽约的中世纪修道院博物馆（Cloisters Museum）* 之后有这个想法的，因为他在那里看到了一本中世纪的动物寓言集。

> 他还在1964年得克萨斯州休斯敦（Houston，Texas）的一个展览上见过一本名为《忠实的伴侣》（*Constant Companions*）的书，这是一本介绍真正的野兽和传说中的神兽的目录纲要。他认为，这类话题可能有助于自己思考人类、动物和机器之间的亲密关系。[10]

萨瑟兰的动物寓言集共有26张图片，其中一张被他命名为《粉红色的猴子》(*Pink Monkey*)，这幅作品完成于1968年，画的是一只有着粉红色和金色毛发的狒狒，狒狒的模样甚是庄严，但它并不是在大自然的怀抱中，而是凄凉地坐在阴暗的地下室的一个板条箱里。这是一只没有普通性别特征的成年狒狒，它目光空洞地望着远处，显然已经屈服于无聊乏味的囚禁生活。

* 纽约大都会博物馆的分馆，珍藏有大约5 000件欧洲中世纪的艺术和雕刻作品。

弗里达·卡罗

弗里达·卡罗（Frida Kahlo，1907—1954）出生于墨西哥，青少年时期遭遇了一场车祸。她乘坐的巴士与电车相撞，一根长长的金属刺穿了她的身体，弗里达说："就跟利剑刺中公牛一样。"她的脊椎断成三块，骨盆破碎，差点就死了。这场车祸剥夺了弗里达的生育能力，使她一生都在痛苦中度过。在缓慢的康复过程中，弗里达开始画画，她用画笔倾诉自己的感情，诉说生活的困境，她的作品给人一种撕裂般的痛苦。

1938—1945 年期间，卡罗画了几幅与猴子在一起的自画像。其中最成功的一幅画的是一片枝繁叶茂的热带背景，4 只蜘蛛猴把她围在中间。其中一只坐在她的右臂上，两只手搂着她的脖子，就跟亲密的宠物一样，另外一只的尾巴缠着她的左臂，双手紧紧地抓着她的衣服。还有两只躲在她身后的枝叶中间往外偷看。弗里达的姿势僵硬，表情坚忍而淡漠。看不出她对这些动物有一丝的怜爱或者慈母之情，仿佛对它们视而不见。

这幅奇怪的画引发了许多猜想。众所周知，弗里达的丈夫，墨西哥画家迭戈·里维拉（Diego Rivera）曾送给她一只宠物蜘蛛猴，以代替她一直渴望但是却不可能拥有的小孩。这只蜘蛛猴被命名为"张福兰"（Fulang Chang），她还养了一只，起名为"凯米托·德·瓜亚瓦尔"（Caimito de Guayabal）。据说现实生活中弗里达很珍惜和宠爱这些宠物，然而她的作品并没有体现她们之间的这种关系。在这幅画中，是这些宠物猴在温柔地保护着弗里达，而不是她在照顾它们。

弗里达·卡罗,《与猴子在一起的自画像》(*Self-portrait with Monkeys*),1943年,布面油画。

这幅画仿佛在暗示，这些孩子的替代品虽然备受宠爱，但却无法满足她当母亲的心愿，可能还不可避免地强调了这种缺憾。这么看来，弗里达挺直的身板和明显对猴子的缺乏兴趣，更加凸显了她虽然无子，但却以钢铁般的意志硬挺着的悲壮态度。她为我们展示了自己内心的矛盾，一方面她被自然的力量包围，与动植物的关系非常亲密，另一方面又与它们显得很疏离，因为她那不正常的身体状况导致了她无法生育。

最终，卡罗能呈现给我们的唯一“后代”，就是她那迷人但却诡异的作品了。安德烈·布勒东（André Breton，1896—1966）* 曾这样总结她的作品：“弗里达·卡罗的画是缠绕在炸弹上的一根丝带。”

弗朗西斯·培根

弗朗西斯·培根（Francis Bacon，1909—1992）以描绘扭曲的人物而著称，但他偶尔会将注意力转移到其他动物身上，其中包括一只令人难忘的狒狒。这幅画创作于1953年，画的名字很简单，叫作《对狒狒的研究》（*Study of a Baboon*）。画面上，一只狒狒蹲在两根枯死的树杈中间，身后是动物园的铁丝网。狒狒的头向后仰，嘴巴张得很大，好像在向天空尖叫，似乎囚禁生活已经将它折磨得忍无可忍。这幅画像是培根1951年创作的著名系列作品“尖叫的教皇”（Screaming Popes）的猿猴版。

这幅画完成后，过了几年，培根知道我是个动物学家，于是问我，他对狒狒的形态把握是否准确。我让他放心，他做得很好，他回答说：“是的，我想我画出了它在尖叫，但是画笑容对我来说却是个很大的难题。”在翻遍了他所有的作品之后，我终于相信，虽然培根画了许多尖叫的形象，但确实找不到一张笑脸。

由于不知道培根创作这幅画的确切缘由，你也许会斗胆猜测他是临摹了一张狒狒的照片，这张照片可能来自报纸、

* 法国诗人和评论家，超现实主义的创始人之一。

弗朗西斯·培根，
《对狒狒的研究》，
1953年，布面油画。

杂志或者一本书，也可能是他自己拍的。照片一直是培根作品形象的主要来源。自从母亲搬到了南非（South Africa），培根一共去看过她三次，时间分别是1950年、1952年和1957年。培根在南非期间，曾在克鲁格国家公园（Kruger National Park）待了很长时间，一边观察动物一边给它们拍照。培根写道："我永远记得自己看到动物在长长的草丛中行走时的激动心情。"[11] 有人说，1953年回到伦敦之后，培根在克鲁格公园拍的一张狒狒照片成了这幅画的创作灵感。虽然培根在非洲期间对狒狒的观察可能使他对这种动物产生了浓厚的兴趣，但他创作这幅画的真正原因更有可能缘于他最喜欢的一本书中的照片。这本书就是1925年出版的马吕斯·马克斯韦尔（Marius Maxwell）的《用相机捕捉赤道非洲的高大猎物》（*Stalking Big Game with a Camera in Equatorial Africa*）。书中有一幅几只狒狒在金合欢树（acacia trees）上的插图，其中右边的那只坐在一棵分杈的树上，很像培根画中的那只狒狒。

值得注意的是，培根认为有必要在自己的作品中加上一只笼子。他对自己笔下的许多人物形象也经常使用这一手法，就连教皇也不例外。作为观众，我们发现自己与这只凶猛的动物身处同一个笼子时，会由于距离过近而感到有些不安。

临摹照片有个问题，那就是照片都没有声音。如果一只像狒狒这样的动物把嘴巴张得很大，我们不可能猜不到伴随着这个动作的是什么响声。培根跟我说他的狒狒在尖叫，但是我却不敢这么肯定。出于礼貌，我没有向他指出，实际上这只狒狒看起来更像是在打呵欠。这是因为，狒狒尖叫时，往往会把头正对着威胁的来源，但是当它们打呵欠时，则可能头朝后仰，就跟培根画中显示的一样。对于缺乏经验的人来说，一张狒狒打呵欠的照片很可能被他们看成是一只在困境中尖叫或者咆哮的愤怒的猴子。没有声音，两者之间的区别可能不太明显。

尽管如此，培根的这幅画依然有着令人难以忘怀的强大力量。到底这只动物是因为对无聊的囚禁生活感到厌烦而在打呵欠，还是在对着天空咆哮以抗议自己被囚禁呢？这是观众在欣赏这幅杰作时需要自己解决的问题。但是，不管怎样，当他们在欣赏这幅画时，都会因为自己和一只有着巨大颚骨和利齿的动物如此接近而感到惶恐不安。

第九章

作为动物的猴子

Chapter Nine Monkeys as Animals

每一类动物都有一些重要的特征，这些特征成为它们成功的秘诀。猴子的这些特征有三个：它们的手，它们的眼睛，和它们的大脑。猴子的手进化出了与其他4个手指相对的对生拇指，这使它们在林中跳跃时能够抓住小树枝，它们还进化出了敏感而扁平的指甲，这提高了它们在抓取小件物品时的精确度。它们的眼睛移到了头的前方，从而使它们拥有双目视觉，能够准确地判断距离的远近。由于视觉主宰了猴子的世界，因此它们的味觉便弱化了，这就是它们有一张扁平脸的原因。这也使它们有机会进化出各种各样的面部表情，以表达情绪的变化。[1] 最后，猴子的大脑已经变得非常高级，拥有了更高的智力，因而不必依赖武力就能解决自身的生存问题。总之，它们的进化主题可能就是：灵巧的手，3D视觉，以及大脑比肌肉重要。

拥有这些优势的猴子就分布在地球的温暖区域。过去，这些地区覆盖着茂密的森林，猴子的生活比现在还要好。但是随着人类对木材需求的不断增加，全球伐木业的盲目扩张，以及农田的大量开垦，猴子的自然栖息地面积大大减少，许多地方猴子的数量都在下降。一些热带国家的人喜欢吃野味，这同样对猴子有着破坏性的影响，就跟西方国家拿猴子做医学研究一样。

猴子进化出了各种各样的面部表情：上图是一只看似表情很凶的猕猴，这只短尾猴正把舌头伸出来，做出表示欢迎的“咂嘴”动作；下图是一只狮尾狒狒（gelada baboon），别看它的表情很凶，其实它是在紧张地示好。

一遇到危险就立刻爬到高高的树上。

但是，虽然外界的威胁不断增加，大部分猴子却依然生活得好好的，这很大部分应该归功于它们的主要防御机制，就是一遇到危险就立刻爬到高高的树上。它们如此敏捷，因此很少有捕食者能够抓住它们。它们的主要敌人是一些大型的鹰隼、蛇类以及猫科动物。如果它们从树上下来并试图过河，这时鳄鱼可能会对它们形成威胁。除此之外，只有人类猎手是它们真正需要担忧的，在非洲一些地方偶尔会出现成队的黑猩猩捕杀猴子的现象。

猴子有着敏锐的视力和听觉，身材修长而敏捷，总是一看到危险就立刻逃走。猴子会利用各种各样的警报声来援救自己。它们总是三五成群地四处走动，如果群体中的一名成员感觉到了危险，它会立刻发出警报，接着它们就会一起逃往安全的地方。有些种类的猴子会发出不同的警报声，每种警报的含义各不相同，其他猴子一听就知道迫在眉睫的是什么危险。有些警报是轻轻的咳嗽声或者叫声，这是为了提醒其他猴子注意，但是又不至于暴露猴群的位置。另有一些警报是大声的尖叫或者“呜呜”的轰赶声，这说明它们已经豁出去了。[2]

虽然猴子一般生活在树上，只是偶尔才下到地面，但是也有一些种类刚好反过来，它们大部分时间在地面生活，只是偶尔才爬到树上。这些在地面生活的猴子进化出了庞大、沉重而粗壮的身体。一般来说，它们的力气更大，有着巨大的犬齿和强壮的颚骨。这些特点可能使它们在树上不太灵活，但是当它们在地面上遇到危险时，这些却是有效的防御机制。生活在地面的猴类有狒狒[3]、狮尾狒狒、鬼狒和山魈。一些体型较大的猕猴很多时候也待在地上，但它们在树上同样行动自如。

一般说来，在地面生活的猴子（狒狒、狮尾狒狒、鬼狒[drill]和山魈[mandrill]）更加强壮，它们有巨大的犬齿，甚至会向豹子发动攻击。

如果一群狒狒受到比如一只豹子的袭击时，体型较大的雄性狒狒会联合起来进攻豹子，同时把它和其他狒狒隔离开来。面对这种联手进攻，大部分豹子会知难而退，选择离开。有时它们的运气会好一点儿。最近有人观察到罕见的一幕，一只豹子偷偷地靠近一群狒狒，并杀死了一只小狒狒。豹子还没来得及带着战利品逃脱，所有体型较大的雄性狒狒就对它发起了攻击，并显然将它伤得不轻。豹子躺在地上，奄奄一息。它在地上躺了两个半小时，装死，这段时间狒狒一直围在它四周，不断地攻击它。等到狒狒终于对它失去兴趣，离开之后，豹子才慢慢起身，叼起那只小狒狒的尸体，回去喂它的幼崽。[4] 但是这种情况非常罕见。当遇到一群愤怒的狒狒时，豹子几乎总被吓得四处逃窜。有时，狒狒会长距离地追赶一只受惊的豹子，最后才放弃。

有一种陆生猿猴打破了身材修长的猴子应该生活在树上、体型粗壮的猴子应该生活在地面这一黄金规则。它们就是生活在非洲大草原上的运动健将——赤猴。这种动物进化出了一套独特的生存策略，使其有别于其他猴类。它们有修长的四肢，是地球上跑得最快的猴子，时速可以达到 34 英里（55 千米）。白天它们在地面上寻找食物。负责警卫工作的是雄性赤猴。担任警卫工作的赤猴经常后脚站立，注视着草丛的上方。如果发现有捕猎者，它会大声发出警报，同时离开猴群，以此来分散敌人的注意力。一旦听到警报，雌猴会以最快的速度逃走，最后才和雄猴会合。夜里的地面对奔跑速度很快的赤猴来说依然过于危险，因此它们都在树上睡觉，一只猴子一棵树，并且每晚都变换不同的树。

体型修长的赤猴是非洲大草原上的运动健将，它们奔跑的速度可以达到每小时 34 英里（55 千米）。

说到食物，大多数猴子都是机会主义者，几乎看到什么就吃什么。在树上生活的猴子一般吃坚果、成熟的水果和浆果、昆虫和鸟蛋。像狒狒这种在地面生活的猴子一般吃根茎、球茎、种子、蛋类和小动物的幼崽。然而，有一类猴子专门吃一种其他猴子无法消化的食物。它们就是食叶猴（leaf-eating monkeys）——非洲的疣猴（colobus）和亚洲的叶猴。它们已经转向食物链的底端，这种食物虽然营养不够，但是胜在数量众多。这种食物唯一的缺点在于，每天光吃饱肚子就要花费大量的时间。

食叶猴包括非洲的疣猴（上图）和亚洲的叶猴。

食叶猴有一套复杂的消化系统，包括一个分成数瓣的胃，这个胃能帮助它们消化食物。食叶猴的胃里有一种能帮助叶子发酵的特别细菌，它们随后会吸收发酵过程产生的营养物质。食叶猴再接着消化细菌，从而吸收这些营养物质。通过这种方式，食叶猴能够获得必要的蛋白质和核糖核酸（ribonucleic acid）。

猴子的社交生活有两个互相矛盾的重要因素。[5] 一方面，一个猴群的猴子数量越多，当它们遇到危险时，就更容易获取警报，万一需要决一死战时，也更容易打败对方。人多势众则意味着更加安全。另一方面，猴群的猴子数量越多，食物就越少。猴群的规模如果较小，当它们发现一簇成熟美味的水果时，就可以慢慢地享用。猴群的规模如果较大，由于担心食物不够，成员之间的关系往往会变得紧张甚至形成对抗的局面。而且，对于那些规模很大的猴群来说，很难找到足够的食物，一些成员可能就会挨饿。

由此可知，每种环境只适合一个特定的群体规模，即使是同一种类的猴子，猴群的规模也有很大的差别。因此，你可能会看到只有几只猴子组成的猴群，也可能看到一大群猴子正在迁徙的壮观场面，这一切都取决于它们居住的环境。

每个猴群的内部成员之间总是有着特殊的关系。它们彼此认识，而且每只猴子在群体中都有特殊的地位。一个极端是，我们看到阿拉伯狒狒有着严格的后宫系统。在它们的群体中，有一只占统治地位的雄性狒狒，他身材魁梧，有一头威风凛凛的鬃毛，被一群怀抱幼崽的雌性狒狒簇拥着。一般说来，每只雄性狒狒有 4~10 只雌性狒狒。雄性狒狒控制、监视并保护着自己的妻子，不让其他的雄性靠近她们。那些竞争失败的雄性狒狒总是在群体的周边徘徊，希望有朝一日可以掳走几只雌性，从而建立自己的后宫。如果狒狒首领看到自己的妻子打算逃跑，他会把她抓回来，并狠狠地咬她，以此作为对她的惩罚。为了避免受到惩罚，雌性狒狒总是待在首领的周围。

几个后宫可能组成一个家族。这种情况下的狒狒首领通常都有血缘关系，并按照年龄的不同而有长幼尊卑的排序。几个这类家族可能自发形成一个多达 200 只猴子的庞大猴群。这样大规模的猴群通常只有在狒狒迁徙或者睡觉时才会形成。猴群和猴群相遇时，首领之间可能会发生争吵，但有时它们会联合起来，形成一个更大的猴群，目的也许是为了分享同一块理想的休息区域。

这些阿拉伯狒狒的社交生活显然并不简单，如何维持和提高自己的社会地位，是每只成年雄性狒狒心头的当务之急。对于后宫中的雌性狒狒来说，这个问题就简单多啦，因为她们只需做到服从首领夫君的安排，把有关社会地位的事情交给他去处理就行了。首领对自己后宫的管束非常严，以至于她们连自己的社会等级也没有形成，没有一只雌性狒狒居于领导地位。如果后宫中有雌性狒狒试图凌驾于其他狒狒之上，雄性首领就会教训她。雌性狒狒之间的唯一区别在于有些与首领的关系更亲密。这些受宠的雌性狒狒被称为"核心雌性"（central females），与其他雌性相比，她们在社交方面更加活跃。

这是已知猴类中父权制最极端的一种形式。其他种类的狒狒则没有这么严格。如果一只雌性狒狒发情了，她可以和几名雄性交配。占统治地位的雄性狒狒有优先权，但是那些被统治的雄性狒狒也不是完全没有机会。他们也许得等，但是至少终有轮到他们的一天——这种事在阿拉伯狒狒那儿是绝对不可能发生的。

像长尾猴这类在树上生活的猴子，它们的社会结构则更加灵活。这是因为雄性首领在树上发号施令要比在地面上困难得多。他的命令还没讲完，已经有猴子不是朝这个方向就是朝那个方向逃走了，猴群一直处于解散和重新组合的过程当中。尽管如此，还是有一些雄猴的地位要高于其他猴子，而性成熟的雌猴首先找的，往往也是它们。因此，虽然大多数雄猴都有繁殖的希望，但是最有可能繁衍后代的，还是那些社会影响力最大的猴子。

有个雄猴争夺统治权时做得太过火的特殊案例，与非洲大草原上的赤猴有关。这些在地上生活的猴子分成几个群体，由同一只雄猴领导，但是后宫的数量太多，雄猴有点儿管不过来。如果他过于维护自己的权威，雌猴就会联合起来对付他，并取代他成为群体的领导。她们如此强势，以至于你所看到的大部分赤猴群中发生的争吵，并不是发生在雄猴之间，而是雌猴之间为了确认自身的社会等级而发生的口角。因此雄猴的主要任务就是警惕捕食者，保护自己的雌猴群免受攻击，而不是统治她们。他已经变成了她们的性奴，只有在时机成熟时，才允许与她们交配，其他时候他在群体内部的社会地位几乎等于零。父权制由于走得太远，竟然变成了母权制，赤猴就是一个有趣的例子。

所有的幼猴出生时，行为模式都是一样的。通常母猴一胎只生一只。猴子生双胞胎的概率要比人类小，但也确实存在。幼猴和人类婴儿最大的区别在于，幼猴从出生起就能紧紧抓附在母亲身上。这是因为新生幼猴的胳膊更加有力，细细的手指也更容易抓住母猴的皮毛。如果近距离地观察母猴生产，你可能会看到幼猴竟然在帮助母亲分娩，因为它们从产道出来后就紧紧地抓住母亲的皮毛不放。[6]

出生后的几个星期，幼猴会附在母亲身上，跟随她四处走动。即使母猴仓皇逃窜时那么剧烈的颠簸，小猴子依然能够紧紧地抓住母亲不放，从而不被甩下。

渐渐地，当母猴停下来休息时，小猴子开始在母亲的身边探索，但是它会一直盯着母亲，母亲也会一直盯着它。一旦有任何的风吹草动，母猴会抄起小猴子就跑，或者小猴子

几乎所有的猴子一胎只生一只，但是偶尔也会有双胞胎的情况出现。

会跑向母亲，再次附在她的身上。小猴子不在母亲身上的时间渐渐地越来越长，并开始遇到其他同龄的小猴子。在小猴成长的过程中，起劲的玩耍成为生活的常态，而它们的身体也一天天变得更加强壮。与其他动物相比，猴子的童年时期很长，一般需要 4~5 年，它们才能进入成年。

第十章

不同寻常的猴子

Chapter Ten Unusual Monkeys

长鼻猴

如果一只猴子长着非常奇怪的鼻子，那它肯定是来自婆罗洲（Borneo）* 的长鼻猴（Proboscis Monkey）。当地人称之为monyet belanda，翻译过来就是“荷兰猴子”——因为当地人认为这种动物令他们想起了早期到这里来的荷兰旅行者，他们同样长着大大的鼻子和肚子。

* 即加里曼丹岛，位于太平洋，是世界第三大岛屿。

这种长着奇特鼻子的猴子是婆罗洲的长鼻猴。雄性长鼻猴都有一根硕大而下垂的长鼻子，鼻子最多可以长到7英寸（约18厘米）。

长鼻猴总是生活在近水的地方，有些脚趾之间长有脚蹼。它们是所有猴子中最亲水的一种，而且是游泳高手，能够潜到水下至少20米。然而它们最与众不同的地方，在于成年雄性都有一根巨大而下垂的鼻子，这根鼻子可以长到18厘米长。

关于这根蒜头鼻有什么作用，仍然存在争议。有些人认为这是雄性统治地位的象征，鼻子越大，对雌性的吸引力就越大。另外一些人则认为，大鼻子有助于雄猴在发警报时发出响亮的喇叭声。当雄猴感觉到危险时，血会上冲到鼻子，鼻子充血后膨胀得更大，变成一个共鸣腔，放大了"呜呜"的警报声，有助于猴群的其他成员更快地知道附近有危险。

事实上，这根巨大的鼻子可能两方面的作用都有，既能吸引雌性又能发出警报。大鼻子赋予了这种猴子奇特的外表，使它们不可能与其他173种猴子混淆在一起。

仰鼻猴

另外一种长着奇怪鼻子的亚洲猴子是仰鼻猴（Snub-nosed Monkey）*。它们的鼻子和长鼻猴正好相反。长鼻猴的鼻子很大，这种猴子则完全没有鼻子。只剩下两个鼻孔——朝天鼻使它们在雨季很容易吸入雨水，并狂打喷嚏。

仰鼻猴一共有8种，它们广泛地分布于东南亚海拔较高的地区，从缅甸（Myanmar）、柬埔寨（Cambodia）、老挝（Laos）、越南（Vietnam）到中国南部。虽然它们的外表各不

* 即金丝猴。

相同，但是都有一个共同的特征，那就是都长着一个小而奇特的朝天鼻。有人认为，这种极端扁平的鼻子是为了对抗极端寒冷的天气，因为肥厚的鼻子更容易冻伤。这个观点似乎不是很有说服力。厚重而突出的鼻子中含有复杂的鼻道结构，能够在寒冷的空气通过时给它升温，从而使空气到达娇嫩的肺部时不至于太冷。

不管这些奇怪的鼻子的真正作用是什么，它们和那些色彩鲜明的面部特征，共同使这些猴子成为所有灵长类动物中最奇特和最令人过目不忘的一种。

仰鼻猴。扁平的鼻子和色彩鲜明的脸部特征，使它们成为面部最为奇特的灵长类动物。

日本猕猴

日本猕猴生活在地球的最北端，它们生活的环境，对于任何其他猴子来说都太冷了。日本猕猴能够忍耐零下 20° C（-4° F）的低温。虽然日本人口众多，但是现在依然有 100 000 多只这种猕猴在那里顽强地生存。

日本猕猴又称“雪猴”，这个名字真是起得恰如其分，它们长着厚厚的毛发，看上去就像在普通的毛发外面披了一件毛皮大衣一样。日本猕猴的短尾上同样布满浓密的毛发，身体唯一暴露于低温之下的只有那张红红的脸庞。它们让这个部位暴露出来，似乎是因为丰富的面部表情对于社交来说极为重要。

日本猕猴生活于地球的最北端，它们的生活环境，对于其他任何猴子来说都太冷了。为了捱过凛凛寒冬，生活在日本长野（Nagano）地区的猕猴会在温泉中舒服地泡澡。

几张日本猕猴在长野一个滑雪胜地附近泡露天温泉的照片使它们名声大噪。温泉的四周覆盖着厚厚的白雪，一些猴子全身都泡在热水里，只露出头部，它们的头发上还沾着雪花。

这个地区每年有 4 个月的时间被雪覆盖，难以想象日本猕猴是如何在这种环境里生存下来的。它们只是最近才开始利用温泉取暖。1963 年，一些具有冒险精神的猕猴从附近林木覆盖的陡峭悬崖爬下来，它们感受到了从温泉冒出的热热的水蒸气，于是爬了进去。不久其他猴子也加入进来，最后整天泡在温泉里成了它们一个奢侈的生活习惯。夜幕降临时，它们会爬出去，在安全的树林里过夜，第二天早上再回来。天寒地冻，日本猕猴顶着一身湿漉漉的皮毛爬出温泉的样子简直不可想象。它们没有被冻成冰棍儿，着实令人惊奇。

第十一章

罕见的猴子

Chapter Eleven   Rare Monkeys

为了遏制猴子数量的大面积下降，灵长类动物保护专家和野外工作者在全球范围内做了大量的工作，然而他们面临的是一个几乎不可能完成的任务，老实说，到目前为止，他们的努力大部分都以失败告终。只需想一想大部分猴子的栖息地，你就不会对这个结果感到意外。大多数的猴子都生活在热带，而这一地区的贫困和政局动荡情况非常普遍。

在秘鲁亚马逊省（Amazonia, Peru）的博卡米沙瓜河（Boca Mishagua River）流域，当地居民在烤卷尾猴（Cebus apella）。

在这种地方，要使当地人明白猴子生存的重要性是非常困难的，因为他们自己的生存都得不到保障。在他们看来，动物保护的概念就是自负的西方精英主义，令人回想起过去的殖民主义。如果他们的孩子渴望吃到动物蛋白，而猴子的肉又很美味，他们会毫不犹豫地去捕捉猴子，不管法律怎么规定。

如果西方渴望得到越来越多的木材，以供应报纸、杂志、书籍、纸箱以及进步社会日常生活所需的纸张，那么致命的链锯就会出现，猴子赖以生存的宝贵树木就会被砍伐，而且在这个过程中，没有一丝破坏生态的耻辱感，有的只是毫不掩饰的自豪感。

如果人口开始猛增——在野生猴子最喜欢的那些地区，这种现象最为严重，而农业的扩张和城市规模的扩大不久就会吞噬越来越多的荒野。如果有人在某个人迹罕至且生活着很多猴子的地方发现了石油等宝贵的自然资源，那么，在摧毁整片栖息地和建立现代工业的过程中，自然是不允许任何人出来阻挡的。

了解了这些，那么当我们知道灵长类动物保护专家的大部分工作就是进行仔细的野外调查、向总部汇报、列出详细的清单、重新对一些亚种进行分类，然后发出谁也不会听的严重警告时，就不会感到意外了。

与此同时，猴子的数量继续以惊人的速度在下降。在公认的 173 个猴子种类中，有 20 个已经严重濒危，它们可能无法活过 21 世纪。这 20 个濒危种类的详情见下页：

种类	正式名称	地点	数量
金卷尾猴	*Cebus flavius*	巴西东部	180只
金腹卷尾猴	*Cebus xanthosternos*	巴西	未知
褐蛛猴	*Ateles hybridus*	哥伦比亚，委内瑞拉	未知
北方绒毛蛛猴	*Brachyteles hypoxanthus*	巴西	855只
黄尾绒毛猴	*Oreonax flavicauda*	秘鲁	未知
阿鲁纳卡猕猴	*Macaca munzala*	印度东北部	250~569只
桑杰河白眉猴	*Cerocebus sanjei*	坦桑尼亚	不到1 300只
高地白眉猴	*Rungwecebus kipunji*	坦桑尼亚	1 100只
鬼狒	*Mandrillus leucophaeus*	西非	未知
斯氏长尾猴	*Cercopithecus sclateri*	尼日利亚	未知

山魈的唯一近亲鬼狒，在其栖息地西非目前的数量已经降到只有 3 000 多只。

秘鲁的黄尾绒毛猴的数量只有几百只，前景堪忧。

种类	正式名称	地点	数量
彭南特红疣猴	*Procolobus pennantii*	西非	未知
塔那河红疣猴	*Piliocolobus rufomitratus*	肯尼亚	不到1 000只
尼日尔三角洲红疣猴	*Procolobus epeini*	尼日利亚	未知
德拉库尔乌叶猴	*Trachypithecus delacouri*	越南	200只或者更少
豚尾叶猴	*Simias concolor*	明打威群岛	3 347只
灰腿白臀叶猴	*Pygathrix cinerea*	越南	600~700只
越南金丝猴	*Rhinopithecus avunculus*	越南	不到200只
滇金丝猴	*Rhinopithecus bieti*	中国	不到2 000只
黔金丝猴	*Rhinopithecus brelichi*	中国	大约750只
缅甸金丝猴	*Rhinopithecus strykeri*	缅甸	300只

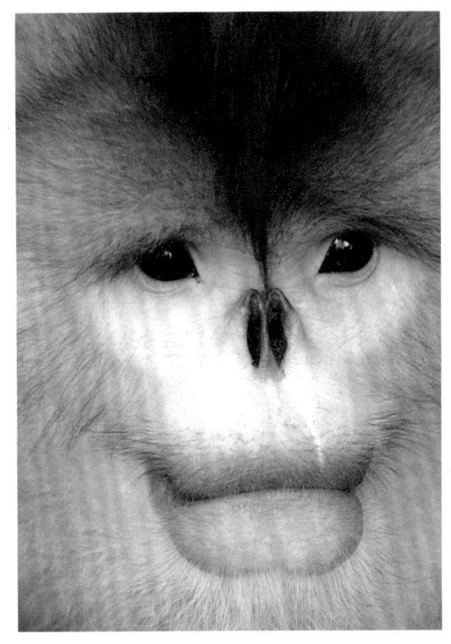

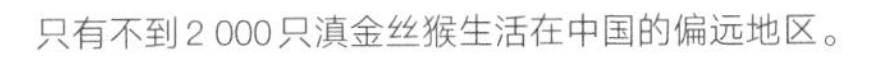

只有不到2 000只滇金丝猴生活在中国的偏远地区。

越南金丝猴是最为濒危的一种猴子，数量非常稀少，只有不到200只。

第十二章

新发现的猴子

Chapter Twelve　Newly Discovered Monkeys

现在已经很难发现新的大型哺乳动物，因此，当我们听说近年来发现了至少 6 种新猴子——一种长尾猴、一种猕猴、一种白眉猴、一种卷尾猴、一种疣猴和一种仰鼻猴时，不免感到有些意外。这是因为，虽然伐木对森林造成了严重的破坏，但是仍然有大片的原始森林，探险者无法穿越。如果有猴子生活在这样一小块与世隔绝的森林里，那它们可能好几年都不会被人发现，即使该地区曾进行过田野调查。近几年发现的新物种似乎都属于这种情况。

阳光长尾猴

这种猴子第一次被发现是在 1984 年，然而直到 1988 年才对它们做出准确的科学描述。它们被称为“阳光长尾猴”（Sun-tailed Monkey），正式的名称是 *Ceropithecus solatus*。阳光长尾猴生活在西非加蓬（Gabon）一片森林覆盖的潮湿山地，偏爱枝条缠绕的阴暗密林。它们的数量很少，原因似乎是当地的 4 条河流拦住了它们的去路，使它们只能在一小片森林中生活，无法向外扩张。阳光长尾猴主要以水果为食，部分时间待在树上，部分时间待在地面，它们三五成群地活动，每

直到1988年，人类才对阳光卷尾猴做出准确的科学描述。它们生活在西非加蓬一片森林覆盖的潮湿山地。它们有长长的浅灰色尾巴，尾巴的末梢为橘红色。

个猴群都由一只雄猴、几只雌猴以及它们的幼崽组成。夜里它们会回到树上睡觉。

长时间在地面活动，使阳光长尾猴变成了一种行动隐秘的动物，它们避免发出任何大的响声，以免暴露自己的行踪。它们不会长距离地呼唤对方，也不会高声地和对方打招呼，尽管危险来临时，雄猴确实会大吼一声，发出警报。

不应该把阳光长尾猴和红尾长尾猴混为一谈。阳光长尾猴的尾巴是浅灰色的，只有末梢是橘红色。红尾长尾猴的尾巴则大部分都是橘红色的。

为了纪念这一新发现，1996年，加蓬共和国将阳光长尾猴的图案印在了面值500中非法郎* 的邮票上。

* 中非经济共同体使用的货币，是赤道几内亚、刚果共和国、加蓬、喀麦隆、乍得和中非共和国六国的官方货币。

尼日尔三角洲红疣猴

当尼日尔三角洲红疣猴（Niger Delta Red Colobus Monkey）1993 年首次被发现时，人们认为它们只不过是当地的一个变种，但是 2007 年，它们被上升为一个独立的物种，2010 年，它们被列入极度濒危的灵长类动物名单。

尼日尔三角洲红疣猴的栖息地只局限于三角洲中心的沼泽森林地带，因此它们未来生存的希望非常渺茫。这一地区饱受政治动荡之苦，而且丛林狩猎、运河开凿还有乱砍滥伐的现象非常普遍，伐木造成了红疣猴赖以生存的树木大大减少。因此，在目前数量已经非常少的情况下，尼日尔三角洲红疣猴很可能不久就会灭绝，虽然动物保护专家一直在尽全力保护它们。据估计，过去 30 年里，尼日尔三角洲红疣猴的数量下降了 80% 之多。

1993 年，尼日尔三角洲红疣猴首次被发现，2007 它们被上升为一个独立的物种。它们未来生存的希望非常渺茫，因为这一地区正受到政治动荡、人类捕猎和滥砍滥伐的折磨。

尼日尔三角洲红疣猴有着非常显眼的外表。它们的躯干，从头到尾都是黑色。两肋和腿的外侧为橙褐色，腿的内侧、小腹和大部分的手臂为白色，手指和脚则为黑色。它们的尾巴上面为红棕色，下面为酱紫色，越往末梢颜色越深。除了醒目的白色鬓角，尼日尔三角洲红疣猴的整个脸都是黑色的。

阿鲁纳卡猕猴

进入21世纪之后，2003年，自然保育基金（Nature Conservation Foundation）的一群生物学家在印度东北部一个未经探索的边远地区发现了一种新的猕猴。这个地区就是阿鲁

2003年，在印度东北部的边远地区发现了一种新的猴子阿鲁纳卡猕猴。这是100多年来首次发现新的猕猴物种。

纳卡邦（Arunachal Pradesh）。这里到处都是森林密布的崎岖山地，被称为“印度最后几块真正未开垦的土地之一”。

科学家当时正在这个印度东北角的高海拔地区做调查，突然他们遇到了一种可能是海拔最高的灵长类动物之一，这些猴子的活动范围在海拔 2 000~3 500 米之间。它们被命名为“阿鲁纳卡猕猴”（Arunachal Macaque，*Macaca munzala*），它们与其他更常见的猕猴物种非常相似，但是这种相似性与其说源于亲密的关系，还不如说是趋同进化的结果。基因显示，阿鲁纳卡猕猴是一个独立的物种，而不像有些权威人士所说的，仅仅是一个当地的亚种。2006 年，阿鲁纳卡猕猴的详细资料被公之于世，这是 100 多年来人类首次发现新的猕猴物种。同一年，在与不丹（Bhutan）交界的地区发现了更多它们的踪影。

物种名称 *munzala* 在当地方言中的意思是“密林深处的猴子”。阿鲁纳卡猕猴的体型矮小结实，黑黑的脸上好像戴着两个粉红色的“眼镜”。它们的头上有一块皇冠状的橙褐色毛发，里面有一个黑色的三角形，它们的下巴很突出，颈部围着一圈随季节变换颜色的蓬松毛发，12 月时颜色变得最浅。阿鲁纳卡猕猴还有一个敦实的白色小腹和一条短尾巴。

最近阿鲁纳卡猕猴被发现有掠食庄稼的行为，结果难免遭到当地居民的驱赶和追捕。因此，从长远来看，阿鲁纳卡猕猴的未来也跟其他许多猴子一样，充满了危险。

奇庞吉猴

就在离现在不远的2004年，坦桑尼亚发现了一个全新的物种，它们如此奇特，以至于必须将它们归为一个新的类属，这一发现震惊了相关的研究人员。国际自然保护联盟（IUCN）的一名发言人如此描述自己的震惊之情："在一个大量开展野生动物研究的国家，一个世纪以来，一种引人注目的大型猴子竟然一直隐藏在我们的眼皮底下。"

更加离奇的是，奇庞吉猴（Kipunji）是由两组互相独立的野外工作者同时发现的，他们当时正从两个不同的方向朝着奇庞吉猴栖息的那座森林进发。[1] 当这些野外工作者发现对方之后，虽然对于不得不与人分享这一令人激动的发现感到有些失望，但他们还是通力合作，正式报道了这一全新的物种。

2004年在坦桑尼亚发现的奇庞吉猴是一种全新的猴类。

© Tim Davenport / WCS

正如其中一名野外工作者所说的："这些猴子可能已经在那里生活了几十万年。10 个月之内先后有两个独立的项目组发现了这种动物，这种概率有多大？"

奇庞吉猴生活在东非坦桑尼亚南部高原地带的一小片森林里。据估计，现存的奇庞吉猴只有不到 1 100 只，乱砍滥伐对它们的栖息地造成了严重的破坏。因此，它们的前景不容乐观。

奇庞吉猴是一种树栖动物，以山上的乔木为家。它们的皮毛为棕色，肚子和尾巴为灰白色，头顶上矗立着发冠，黑色的脸庞两侧长着长长的胡子。奇庞吉猴的奇特之处在于它们用以标示领地的叫声非常独特：一种与众不同的低低的"嘎嘎"声。这与它们的近亲发出的"咯咯"声很不一样。

奇庞吉猴厚厚的皮毛使它们得以适应高海拔的生活环境——它们的栖息地海拔高达 2 450 米——夜里的气温非常低。2005 年奇庞吉猴获得了 *Rungwecebus kipunji* 的学名：*Rungwecebus* 指它们的栖息地伦圭山（Mount Rungwe），*kipunji* 是当地部落给它们起的名字。

金卷尾猴

2006 年，人们在巴西东部的沿海森林中，重新发现了一种被认为久已灭绝的浅色卷尾猴。金卷尾猴（Blond Capuchin）是这个星球上最罕见的灵长类动物之一，人们相信，全世界的金卷尾猴数量不超过 180 只。

2006 年，在巴西东部沿岸的森林中再次发现了金卷尾猴。

金卷尾猴第一次被发现的时间可以追溯到 1648 年，1774 年有人再次捕捉到了它们的踪影，但是从那以后金卷尾猴就消失了，再也没有人见过它们，更加没有人知道它们是否还活在这个世上。直到 2006 年，人们在巴西大西洋沿岸的森林中重新发现了金卷尾猴的踪影，才对它们做了完整的记录。

它们全身的皮毛为均匀的淡金色，头顶处有些发白，脸为浅粉色，手掌和脚掌均为黑色。

从行为上看，金卷尾猴能够使用工具，这一点与非洲的黑猩猩相似。野外的观察显示，当金卷尾猴发现白蚁穴时，猴群中的几只雄猴会用手去击打蚁穴。然后挑几根细长的树枝去戳蚁穴，一边戳一边转动树枝，这样可以戳得更深。接着它们会把树枝抽出来，仔细检查之后，再把沾在上面的白蚁吃掉。接下来雄猴一只手拿着树枝，另一只手又去击打蚁穴，重复上面的动作。这种进食方式标志着金卷尾猴是现存最聪明的猴类之一。野外调查人员发现，如果模仿金卷尾猴的做法，先敲打一下蚁穴，再把树枝伸进去，同时转动树枝，这样获得的白蚁果然会比较多。

缅甸金丝猴

最近才发现的一种猴子，是 2010 年发现的缅甸金丝猴（Burmese Snub-nosed Monkey，*Rhinopthecus strykeri*）* 。一开始人们只是从当地猎户那儿得来的皮毛和脑壳，才知道这种动物的存在。缅甸东北部克钦邦（Kachin）的当地居民将这种猴子称为 mey nwoah，意思是“长着朝天鼻的猴子”，然而科学家仍然没有亲眼看见这种猴子。

金丝猴以前只在中国、老挝、柬埔寨和越南出现过，因此人们开始搜索这种难以捕捉的猴子。当地猎户提供了一个非常有用的窍门：下雨天再搜寻这种猴子，因为雨水一进它们的鼻子，它们就要打喷嚏，而它们打喷嚏的声音又很响，因此很容易追踪它们。当这些猴子打喷嚏打得不耐烦时，就

* 又名缅甸仰鼻猴。

会坐下来，把头埋在两腿之间，静静地等待雨停。猎户说，不下雨的时候很难找到这种猴子，因为四周太安静了。

当科学家最后找到这种猴子时，发现它们的数量少得惊人——只有大约 300 只——生活在两条大河围起来的一片山区里。由于大河的阻隔，这种猴子慢慢地进化成一个独特的物种，它们全身都是黑色，包括两条腿，有白色的耳羽和胡须，突出的嘴唇，大而朝天的鼻孔，裸露的粉红色脸颊，比身体还长的黑色尾巴。这是一种体型很大的动物，比已知的任何仰鼻猴都要大。

2010 年发现的缅甸金丝猴。它们的数量很少，只有大约 300 只，居住在被两条河围起来的一片山区。

发现者给这种猴子起了个外号叫“翘鼻子”（Snubby），它们显然处在灭绝的边缘。希望当地居民能为这种独特的动物感到骄傲，不要再猎食它们，然而做到这一点可能并不容易。我们必须与之斗争的还包括一条计划建设的大坝，非法砍伐，以及市场上对各种奇特药材的持续需求。

第十三章

聪明的猴子

Chapter Thirteen　Intelligent Monkeys

几百年来，猴子偶尔能免于好管闲事和令人讨厌的小丑形象，而被允许代表一种至少与它们自身有关的优点——聪明。传说中最早的“聪明猴子”是伯特兰（Bertrand），它想从火中取栗，于是利用猫帮它取。[1] 猫叫嚷爪子痛，但是猴子跟它说拿出来的栗子分它一半，结果栗子取出来后，猴子却没有遵守诺言。猫爪子的寓言非常有名，几百年来口口相传，这个故事虽然显示了猴子比其他动物聪明，然而猴子工于心计的形象却并不光彩。

伯特兰和猫爪。马库斯·吉尔哈特(Marcus Gheeraerts)为这则猴子与猫的古老寓言作了插画，描绘了聪明的猴子利用猫爪从熊熊的炉火中取出栗子的情形。

另外一本提到猴子智慧的早期书籍是1483年出版的《智慧书》（*The Book of Wisdom*），书中有个6只猴子捉鸟的故事。它们找来树枝，燃起了火堆，想把躲在树洞中的鸟给熏出来。一本15世纪的书竟如此描写猴子使用工具的情况，实在令人不可思议，因为野生猴子会使用工具这个事实，是直到最近才被人们发现的。

《智慧书》中描绘的6只聪明的猴子。这是古腾堡（Gutenburg）印刷机最早印制的一批书籍。

让我们把目光从这些早期的文学形象转向现实中的猴子，没错，所有的猴子都很聪明，但是有些猴子的智商更是出众。

中南美洲的小型卷尾猴无疑是猴类中的佼佼者。它们被圈养后不仅学会了极其复杂的戏法，在野外时也经常做出各种高难度的杂技动作。[2]

卷尾猴用大石头凿开坚硬的棕榈果的视频，是所有动物视频中最令人惊叹的一幕。视频中的卷尾猴先挑选出一段表面有个小坑的木头。然后拿起坚果朝木头使劲砸了 4 下，再把坚果放进小坑，这样坚果就不会跑出来。接着卷尾猴找来一块光滑的大石头，石头太沉了，猴子费了九牛二虎之力才把它搬到木头旁边。工具都准备好了，只见卷尾猴后腿直立，双手把石头举过头顶，用力地向坚果砸去。

它瞄得很准，但是棕榈果太硬了，一石头砸下去，棕榈果一点儿动静也没有。卷尾猴坚持不懈地用力砸了三分钟，才打开坚果。我们统计了一下，卷尾猴一共用大石头砸了 19 次，每次砸之前都要拿起棕榈果，在木头上敲几下，看看是否已经有了裂缝，然后再重新把棕榈果放进小坑，继续用石头猛砸。一旦卷尾猴感觉到棕榈果快裂开时，它会一下接一下不停地砸，中间也不停下来检查。直到最后棕榈果“嘎”的一声裂开，卷尾猴会拿起果子迅速地爬到树上，自由自在地享用自己的劳动果实。

卷尾猴这种利用工具的水平，就连黑猩猩也难以匹敌。仔细地挑选砧板，举起沉重的石头，准确地瞄准目标砸下去，检查坚果是否已经有了裂纹，这一系列动作，尤其是那种在人类儿童中难得一见的惊人毅力，使卷尾猴成了除人类以外的所有动物中最聪明的一种。难怪人们在为残疾人士训练动物帮手时，最先考虑的总是卷尾猴。

有一次，野外工作者用挑选“锤子”的实验方法，对野生卷尾猴的智力进行了一番测试。工作人员为卷尾猴提供的石头有硬的，也有脆的，有轻的，也有重的，有大的，也有小的。每一次卷尾猴都会先检查一下坚果，然后再挑选一块足够硬、足够重也足够大的石头来砸坚果。测试一共进行了377次，卷尾猴只有39次没能打开坚果——成功率几乎达到90%。

这些用作“锤子”的石头表面几乎都很光滑，就像大颗的鹅卵石一样，工作人员发现，卷尾猴必须搬运很长的距离，才能把这些石头搬到它们的木头砧板附近。更加令人意想不到的是，经检测发现，其中一块石头的重量是搬运并使用它的猴子体重的77%。

野生的小卷尾猴能够利用大石头砸开坚硬的棕榈果，所用的石头可达它们自身体重的77%。我们观察到黑猩猩也有类似的使用工具的能力，但是其他猴子却没有。

通过这种高智商方式获取食物的唯一缺点就是——操作起来声音太大，而且反复地敲打石头有时会引来捕猎者。可是聪明的卷尾猴最终找到了解决这个问题的方法。如果有敌人靠近它们，例如一只美洲虎，卷尾猴会迅速地爬到悬崖上面，在这里它们发现了松动岩石的一个新用途——朝下面扔石头，用石头打美洲虎，直到敌人仓皇撤退。

人们发现野生卷尾猴还会利用挖掘工具，以获取埋在森林地下的植物块茎。块茎是一种特别有营养的食物，但是要把它们从坚硬的地里挖出来可不容易。卷尾猴解决这一问题的方法是找一块合适的石头，然后拿起石头连续而快速地击打地面。几次之后，地表的泥土会松动，卷尾猴就这样一只手拿着石头击打地面，另一只手同时将松动的泥土扒开。这样一来，卷尾猴就可以挖得更深，直到找到埋藏的宝藏。

除了凿坚果、挖块茎之外，卷尾猴还会将树枝伸进树缝或者岩缝里，把隐藏在里面的小食物勾出来。有些卷尾猴还会用小树枝找白蚁吃，以前人们以为只有黑猩猩才有这种技巧。

当环境无法提供足够的食物时，卷尾猴会相应地增加使用工具的次数，然而在食物充足的年份，这些技能有可能完全用不上。对卷尾猴来说，需要乃发明之母，这一点和人类一样。

人们在实验室对卷尾猴做了许多微妙的测试，并一而再、再而三地为它们的智力水平感到惊喜。举个例子：用一块玻璃将两只卷尾猴隔开，玻璃上有个小洞。给其中一只卷尾猴一块石头，给另外一只一罐坚果，但是却没法打开。第一只卷尾猴通过玻璃上的小洞将石头递给隔壁的猴子，隔给人工驯养的卷尾猴一些绘画材料，它们会画出一些扇形的图案，黑猩猩也会画些类似的画。

壁的猴子收到后用石头砸开了盖子。第二只猴子取出坚果后，并没有独自享用，而是选择和曾经帮助过它的同伴一起分享。

另外一个实验室测试的是，每次卷尾猴给实验者一个代币，实验者都会给它一块饼干作为奖励。卷尾猴每次都很开心地把饼干吃了，直到它注意到同伴得到的是一颗甜美多汁的葡萄，而不是干巴巴的饼干。从此以后，每次卷尾猴把代币递给实验者，如果得到的又是一块饼干，它会生气地把饼干扔掉，然后继续要别的东西，直到得到一颗葡萄为止。

这两个实验显示，卷尾猴有互助、协作的精神，同时还有公平和不公平的概念。我们忍不住会想，假如它们能够说话，我们可能得为它们开设大使馆。

大 事 年 表

公元前3400万年

从原猴亚目（prosimians）进化成猴子。

公元前3000万年

非洲的猴子向南美洲迁徙。

大约公元前2400年

埃及人驯养狒狒作为宠物，绘画作品中出现人牵着狒狒的形象。

公元13世纪

猴子以放荡、丑陋和可憎的形象出现在中世纪的动物寓言集中。

1642年

莱茵的鲁珀特王子因为养了一只著名的宠物猴而遭到人们的讽刺和嘲笑。

1658年

托普塞尔的《四足兽的历史》一书描绘了9种猴子。

1774年

斯塔布斯的《猴子画像》描绘了一只正在摘桃的猴子。

大约1800年

拿破仑战争时期，一艘法国失事船只上的猴子被当成间谍而被英国人绞死。

1949年

一只猕猴被首次送上太空。

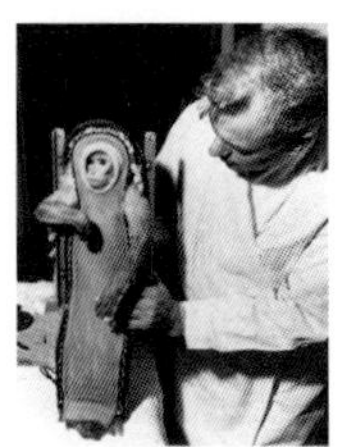

1953年

奥斯曼·希尔（Osman Hill）的八卷灵长类动物研究著作的第一卷出版。

1979年

卷尾猴首次成为人类生活的帮手。

1981年

电影《夺宝奇兵》（*Raiders of the Lost Ark*）中，卷尾猴扮演的纳粹间谍。

1560年

格斯纳的《动物史》中只列了4种猴子。

1562年

彼得·勃鲁盖尔最早将猴子作为绘画的主题。

公元17世纪

日本日光市雕刻着三只智猿的门楣。

1871年

达尔文的《人类的由来》（*The Descent of Man*）列举了许多证据，证明人类和猴子有着共同的祖先。

1912年

丹尼尔·埃利奥特（Daniel Elliot）的《灵长类动物综述》（*A Review of the Primates*）出版。

1925年

臭名昭著的"猴子审判"（Scopes Monkey Trial）开庭。

1942年

丘吉尔下令加强对直布罗陀的地中海猕猴的保护。

1999年

首只克隆猴在俄勒冈灵长类动物研究中心诞生。

2003年

阿鲁纳卡猕猴在印度东北部被发现。

2006年

缅甸发现了缅甸金丝猴。

附录一 分类

1560 年，格斯纳* 在《动物史》(*Icones Animalium*) 一书中对动物做了颇为原始的分类，他把猴子分为 4 种。[1] 第一种是我们已经知道的北非的地中海猕猴。书中对这种无尾猴做了精确的描绘，当时普遍认为这是一种类人猿。插图上那只尚未完全成年的猴子显得栩栩如生，说明这是一幅写生作品，是作者根据一只被圈养的宠物猴画的。

第二种是狒狒，它的姿势看起来像是在祈祷，然而其实可能是在乞讨。这只可怜的动物披着一身浓密的鬃毛，屁股肿大，坐在地上，神情憔悴而悲伤。非洲狒狒这么早就来到欧洲，它们当时的情况可能不是太好。

第三种是西非的长尾猴。书中有一幅非常著名的画像，画的是一只长尾猴绑着腰带，被锁链拴在地上的一个铁环上，这只长尾猴看起来神采奕奕，而且身材匀称，可能是一只受到精心照料的宠物猴。

最后一种猴子和以上三种完全不同，是一种想象出来的两足动物，名为"萨提尔"。图中的"萨提尔"全身赤裸，长有一头浓密的长发。它的乳房丰满，阴部有些肿胀，显然是雌性。"萨提尔"还拖着一条长长的尾巴，并且拄着拐杖。格斯纳说这种动物非常"罕见"，这一点也不令人意外。准确地说，格斯纳的原话是这样的:"一种身材和形状与人类相似的罕见长尾猴。"

由于格斯纳的权威地位，这种虚构的动物后来被大批自然历史书籍忠实地复制和引用了至少 200 年。真实的情况是什么样的呢？这种动物完全是凭空想象出来的，还是以某种真正

* 瑞士博物学家、目录学家，撰写了五卷本《动物史》，为动物学研究的开山之作。

在1560年出版的《动物史》一书中，格斯纳对动物做了原始的分类，他只记录了4种猴子。第一种就是我们现在所说的北非的地中海猕猴。

的猴子为基础呢？格斯纳似乎借用了伯恩哈德·冯·布莱顿巴赫（Bernhard von Breydenbach）* 的一本《圣地旅行记》（*Journey to the Holy Land*）中的插图。伯恩哈德在耶路撒冷旅行时，可能亲眼见过，或者听人说过阿拉伯狒狒，对它们威风凛凛的鬃毛印象深刻，并富有想象力地创造出了这种新的物种，这种动物随后被格斯纳郑重地收录进他那部早期的动物学著作之中。

首次用英语描述这种神秘的“萨提尔”猴的，是托普塞尔（Topsel）** 的《四足兽的历史》（*History of Four-footed Beasts*）一书。托普塞尔在自己1658年出版的著作中这么写道：

> 还有一种猴子，身材和形状与人差不多，从它们的膝盖、私处和脸部判断，你会认为它们就是野人，就像那种居住在努米底亚（Numidia）*** 和拉波尼斯（Lapones）的人一样，因为它们全身都是毛；除了人以外，没有一种动物能像它们那样长时间站立；这种猴子喜欢女人和小孩，就像喜欢自己的同类一样，它们非常好色（venereous），甚至会试图强奸女人。本文对这

* 德国传教士，曾到圣地耶路撒冷朝圣，1486年出版了畅销书《圣地旅行记》。

** 英国牧师，以写作动物寓言集而著名。

*** 古罗马时期柏柏人在今北非一带建立的王国。

种猴子的描述来源于那本描绘圣地的书。[2]

显然，这是一种根据域外传说而幻想出来的动物，其出处众说纷纭，不过很可能起源于阿拉伯狒狒。由于人们对阿拉伯狒狒知之甚少，经过旅行家夸张的描绘，这种动物就变成了色情狂。

除了“萨提尔”，托普塞尔还列出了另外 8 种灵长类动物。虽然它们的名字都很奇怪，但似乎都是以以下几种动物为依据：（1）阿拉伯猕猴（托普塞尔称之为“类人猿”，Ape）；（2）长尾猴（托普塞尔称之为“猴子”，Munkey）；（3）卷尾猴（托普塞尔称之为“马丁猴”，Martine Munkey）；（4）狮尾猕猴（托普塞尔称之为“髯猿”，Bearded Ape）；（5）叶猴（托普塞尔称之为“普拉斯扬猿”，Prasyan Ape）；（6）未命名（托普塞尔形容其为“人形的猴子”）；（7）普通狒狒（托普塞尔称之为“巴布恩”，Baboun）；（8）阿拉伯狒狒（托普塞尔称之为“鞑靼猴”，Tartarine）。

在格斯纳 1560 年出版的《动物史》中，有一幅精心绘制的长尾猴画像。一只长尾猴绑着腰带，被锁链拴在地上的一个铁环上，图中的长尾猴神采奕奕，可能是一只受到精心照料的宠物猴。

这一串名字表明，17 世纪中期的欧洲人已经认识了几种新的猴子。但是，直到 19 世纪末，一群维多利亚时代的探险家才收集到许多不同种类的猴子标本，而且标本数量的增长十分惊人。1806 年，福布斯（*Forbes*）对已知的猴子进行调查时，已经能够列出至少 118 种旧大陆猴和 31 种新大陆猴，加起来一共有 149 种。[3]

因此猴子的分类从 16 世纪的 4 种跃升到 17 世纪的 9 种，再到 19 世纪的 149 种。到了 20 世纪末，这一数字降到了 102 种，因为科学家们虽然又发现了几种新的猴子，但却舍弃了许多旧的分类，因为发现它们只不过是一些当地的亚种。[4]

在 1560 年格斯纳出版的书中，有一只形状像在祈祷的狒狒，其实它可能是在乞讨。这只可怜的动物披着一身浓密的鬃毛，屁股肿大。

到了 21 世纪，情况再次发生了变化，最新的官方名录中列出了多达 173 种猴子。[5] 这一戏剧性的增长有三个原因。首先是这些年发现了一些新的物种。其次是进行了大量的野外调查，使一些以前被认为是亚种的猴子身份得到了真正的确认。最后，令人遗憾的是，一些野外工作者和动物保护主义者过分倾向于将亚种提升为独立的物种，从而使这些动物显得更加重要，更加需要保护。

因此，对于猴子应该确切地分为多少种这个问题，仍有许多争论。以博物馆为主导的“主合派”（lumpers）和以野外工作者为主导的“主分派”（splitters）之间的学术论战仍在继续。

一般来说，“主合派”只有在两个生态位重叠的野生物种之间没有杂交，或者它们外表上有明显的差异，因此不可否认应该将它们分为不同物种时，才肯承认新的物种。

“主分派”则反驳说，博物馆的人要是肯到野外去，将会亲眼看见许多亚种的生活方式非常不同，因此应该将它们分为不同的物种。双方可能永远也无法达成一致意见，因此，为了便于理解，本书将那些为“主合派”和“主分派”所共同接受的重要物种用粗体显示，那些只被“主分派”接受的一般物种用普通的字体显示。这样一来，两个阵营都会感到满意。过去几年发现的新物种则用加粗的斜体表示。

值得注意的是，新大陆的灵长类动物绒猴（marmosets）、绢毛猴（tamarins）及其近亲等小型物种没有包括在本书的范围内。这里只收录了那些体型较大，比较典型的新大陆猴——卷尾猴、松鼠猴（squirrel monkeys）、吼猴（howlers）、蜘蛛猴和绒毛猴（woolly monkeys）——以及所有的旧大陆猴。

猴子的物种分类（173种）

新大陆猴（38种）

卷尾猴（Capuchins　9种　中南美洲）

White-fronted apuchin ***Cebus albifrons*** **白额卷尾猴　南美洲**

Tufted or Brown apuchin ***Cebus apella*** **黑帽悬猴　南美洲**

White-faced capuchin ***Cebus capucinus*** **白喉卷尾猴　中南美洲**

Blond capuchin ***Cebus flavius*** **金卷尾猴　巴西东部**

Kaapori capuchin *Cebus kaapori* 黑带卷尾猴　巴西北部

Black-striped capuchin *Cebus libidinosus* 黑纹卷尾猴　巴西

Black capuchin *Cebus nigritis* 黑卷尾猴　巴西南部

Weeper capuchin ***Cebus olivaceus*** **灰斑悬猴　南美洲北部**

Yellow-breasted capuchin *Cebus xanthosternos* 金腹卷尾猴　巴西东部

松鼠猴（Squirrel Monkeys　5种　中南美洲）

Black-capped squirrel monkey ***Saimiri boliviensis*** **亚马逊松鼠猴　南美洲**

Central American squirrel monkey ***Saimiri oerstedi*** **巴拿马松鼠猴　中美洲**

Common squirrel monkey ***Saimiri sciuresu*** **松鼠猴　南美洲**

Bare-eared squirrel monkey ***Saimiri ustus*** **马河松鼠猴　中南美洲**

Black squirrel monkey ***Saimiri vanzolinii*** **黑松鼠猴　巴西西北部**

吼猴（Howler Monkeys　10种　中南美洲）

Red-handed howler monkey ***Alouatta belzebul*** **黄臂吼猴　巴西北部**

Black howler monkey ***Alouatta caraya*** **黑吼猴　南美洲**

Coiba Island howler monkey *Alouatta coibensis* 科岛吼猴 巴拿马

Brown howler monkey ***Alouatta guariba*** **棕吼猴 巴西东南部**

Guyanan howler monkey *Alouatta macconnelli* 圭亚那吼猴 南美洲北部

Amazon black howler *Alouatta nigerrima* 亚马逊黑吼猴 中美洲

Mantled howler monkey ***Alouatta palliata*** **长毛吼猴 中南美洲**

Guatemalan howler monkey ***Alouatta pigra*** **懒吼猴 中美洲**

Bolivian red howler *Alouatta sara* 帚吼猴 玻利维亚

Red howler monkey ***Alouatta seniculus*** **红吼猴 南美洲西北部**

蜘蛛猴（spider monkeys 9种 中南美洲）

Long-haired spider monkey ***Atles belzebuth*** **长毛蜘蛛猴 南美洲北部**

Peruvian spider monkey *Ateles chamek* 倭蜘蛛猴 南美洲

Brown-headed spider monkey ***Ateles fusciceps*** **褐头蜘蛛猴 中南美洲**

Black-handed spider monkey ***Ateles geoffroyi*** **黑掌蜘蛛猴 中美洲**

Variegated spider monkey *Ateles hybridus* 棕蜘蛛猴 南美洲北部

White-cheeked spider monkey *Ateles marginatus* 亚马逊蜘蛛猴 巴西中部

Black spider monkey ***Ateles paniscus*** **黑蜘蛛猴 南美洲东部**

Southern woolly spider monkey ***Brachyteles arachnoids*** **南方绒毛蛛猴 巴西东南部**

Northern woolly spider monkey *Brachyteles hypoxanthus* 北方绒毛蛛猴 巴西东部

绒毛猴（Woolly Monkeys 5种 南美洲）

Grey woolly monkey *Lagothrix cana* 灰绒毛猴 南美洲

Humboldt's woolly monkey ***Lagothrix lagotricha*** **洪堡绒毛猴 南美洲**

Colombian woolly monkey *Lagothrix lugens* 哥伦比亚绒毛猴 哥伦比亚

Silvery woolly monkey *Lagothrix poeppigii* 银绒毛猴 南美洲西部

Yellow-tailed woolly monkey ***Oreonax flavicauda*** **黄尾绒毛猴 南美洲**

旧大陆猴（134种）

猕猴（Macaques 21种 亚洲和北非）

Stump-tailed macaque ***Macaca arctoides*** **短尾猴 南亚**

Assamese macaque ***Macaca assamensis*** **熊猴 南亚**

Formosan macaque ***Macaca cyclopis*** **台湾猕猴 台湾**

Crab-eating macaque ***Macaca fasicularis*** **食蟹猴 南亚，苏门答腊岛，爪哇岛，婆罗洲和菲律宾**

Japanese macaque ***Macaca fuscata*** **日本猕猴 日本**

Heck's macaque *Macaca hecki* 黑克猕猴 苏拉威西岛北部

Northern pig-tailed macaque *Macaca leonine* 北方豚尾猴 南亚

Moor macaque ***Macaca maura*** **灰肢猕猴 苏拉威西岛南部**

Rhesus macaque ***Macaca mulatta*** **恒河猴 南亚**

Arunachal macaque *Macaca munzala* 阿鲁纳卡猕猴 印度东北部

Southern pig-tailed macaque ***Macaca nemestrina*** **南方豚尾猴 南亚，苏门答腊岛，婆罗洲**

Celebes crested macaque ***Macaca nigra*** **黑冠猕猴 苏拉威西岛东北部**

Gorongalo macaque *Macaca nigrescens* 浅黑猕猴 苏拉威西岛北部

Booted macaque ***Macaca ochreata*** **穿靴猕猴 苏拉威西岛东南部**

Bonnet macaque ***Macaca radiata*** **冠毛猕猴 南亚**

Siberut macaque *Macaca siberu* 西比路猴 苏门答腊岛以西的西比路岛

Lion-tailed macaque ***Macaca silenus*** **狮尾猴 南亚**

Toque macaque ***Macaca sinica*** **斯里兰卡猕猴 斯里兰卡**

Barbary macaque ***Macaca sylvanus*** **地中海猕猴 北非**

Pere David's macaque ***Macaca thibetana*** **藏酋猴 中国**

Tonkean macaque ***Macaca tonkeana*** **汤基猕猴 苏拉威西岛中部和西部**

白眉猴（Mangabeys 9种 非洲）

Agile mangabey ***Cercocebus agilis*** **阿吉利白眉猴 中非**

Sooty mangabey *Cercocebus atys* 白枕白眉猴 西非中部

Golden-bellied mangabey *Cercocebus chrysogaster* 金腹白眉猴 中非

Tana River mangabey *Cercocebus galeritus* 冠毛白眉猴 东非

Sanje mangabey *Cercocebus sanjei* 桑杰河白眉猴 东非中部

Collared mangabey ***Cercocebus torquatus*** **红帽白眉猴 西非中部**

Grey-cheeked mangabey ***Lophocebus albigena*** **灰颊冠白睑猴 中非**

Black-crested mangabey ***Lophocebus aterrimus*** **黑冠白睑猴 中非**

Opdenbosch's mangabey *Lophocebus opdenboschi* 奥氏白睑猴 刚果民主共和国

奇庞吉猴（Kipunji 1种 非洲）

Kipunji *Rungwecebus kipunji* 奇庞吉猴 坦桑尼亚

狒狒（Baboons 5种 非洲）

Olive or Anubis baboon ***Papio anubis*** **东非狒狒 中非**

Yellow baboon ***Papio cynocephalus*** **草原狒狒 东非**

Hamadryas baboon ***Papio hamadryas*** **阿拉伯狒狒 非洲东北部和亚洲西南部**

Guinea baboon ***Papio papio*** **几内亚狒狒 西非**

Chama baboon ***Papio ursinus*** **豚尾狒狒 南非**

山魈（Drills 2种 非洲）

Drill ***Mandrillus leucophaeus*** **鬼狒 西非**

Mandrill ***Mandrillus sphinx*** **山魈 西非**

狮尾狒狒（Gelada 1种 非洲）

Gelada ***Theropithecus gelada*** **狮尾狒狒 非洲东北部**

长尾猴（Guenons 31种 非洲）

Samango or Syke's monkey *Cercopithecus albogularis* 白喉长尾猴 热带非洲

Redtail and Coppertail monkey ***Cercopithecus ascanius*** **红尾长尾猴 中非**

Campbell's monkey ***Cercopithecus campbelli*** **坎氏长尾猴 西非中部**

Moustached monkey ***Cercopithecus cephus*** **髭长尾猴 西非中部**

Dent's monkey ***Cercopithecus denti*** **丹氏长尾猴 扎伊尔**

Diana monkey ***Cercopithecus diana*** **戴安娜长尾猴 西非中部**

Silver monkey *Cercopithecus doggetti* 银长尾猴 东非

Dryas monkey ***Cercopithecus dryas*** **德赖斯长尾猴 扎伊尔**

Red-bellied monkey ***Cercopithecus erythrogaster*** **赤腹长尾猴 尼日利亚**

Red-eared nosed-spotted monkey ***Cercopithecus erythrotis*** **红耳长尾猴 西非中部**

Golden monkey *Cercopithecus kandti* 金长尾猴 中非

Owl-faced monkey ***Cercopithecus hamlyni*** **枭面长尾猴 中非**

L'Hoest's monkey ***Cercopithecus l'hoesti*** **尔氏长尾猴 中非**

Lowe's mona monkey ***Cercopithecus lowei*** **洛氏长尾猴 西非中部**

Blue or Diadem monkey ***Cercopithecus mitis*** **青长尾猴 热带非洲**

Mona monkey ***Cercopithecus mona*** **白额长尾猴 西非中部**

DeBrazza's monkey ***Cercopithecus neglectus*** **白臀长尾猴 中非**

Greater white-nosed monkey ***Cercopithecus nictitans*** **大白鼻长尾猴 西非中部**

Lesser white-nosed monkey ***Cercopithecus petaurista*** **小白鼻长尾猴 西非中部**

Crowned guenon ***Cercopithecus pogonias*** **冠毛长尾猴 西非中部**

Preuss's monkey ***Cercopithecus preussi*** **高山长尾猴 西非中部**

Roloway monkey *Cercopithecus roloway* 罗洛威须猴 西非中部

Sclater's monkey *Cercopithecus sclateri* 斯氏长尾猴 西非中部

Sun-tailed monkey Cercopithecus solatus **阳光长尾猴 加蓬**

Wolf's monkey ***Cercopithecus wolfi*** **郛氏长尾猴 扎伊尔**

Grivet monkey ***Chlorocebus aethiops*** **黑脸绿猴 非洲东北部**

Malbrouck *Chlorocebus cynosuros* 马尔布鲁克绿猴 西非

Bale Mountains vervet *Chlorocebus djamdjamensis* 贝尔山绿猴 埃塞俄比亚

Vervet monkey *Chlorocebus pygerythrus* 青腹绿猴 非洲东部和东南部

Green monkey *Chlorocebus sabaeus* 绿猴 非洲西北部

Tantalus monkey *Chlorocebus tantalus* 坦塔罗斯绿猴 中非

侏长尾猴（Talapoin 2种 非洲）

Northern talapoin monkey *Miopithecus ogouensis* 加蓬侏长尾猴 西非中部

Southern talapoin monkey ***Miopithecus talapoin*** **侏长尾猴 西非中部**

短肢猴（Swamp Monkey 1种 非洲）

Allen's swamp monkey ***Allenopithecus nigroviridus*** 短肢猴 **中非**

赤猴（Patas 1种 非洲）

Patas monkey ***Erythrocebus patas*** **赤猴 中非**

疣猴（Colobus Monkeys 16种 非洲）

Angolan black-and-white colobus ***Colobus angolensis*** **安哥拉疣猴 非洲**

Eastern black-and-white colobus ***Colobus guereza*** **东非黑白疣猴 东非**

Western black-and-white colobus ***Colobus polykomos*** **西非黑白疣猴 西非**

Black colobus ***Colobus satanus*** **黑疣猴 西非**

Ursine colobus *Colobus vellerosus* 花斑疣猴 西非

Western red colobus *Piliocolobus badius* 西方红疣猴 非洲

Central African red colobus *Piliocolobus foai* 中非红疣猴 中非

Uzungwa red colobus *Piliocolobus gordonorum* 乌德宗瓦红疣猴 坦桑尼亚

Kirk's colobus ***Piliocolobus kirkii*** **桑给巴尔红疣猴 桑给巴尔（Zanzibar）**

Pennant's colobus *Piliocolobus pennantii* 彭南特红疣猴 西非

Preuss's red colobus *Piliocolobus preussi* 普氏红疣猴 西非

Tana River red colobus *Piliocolobus rufomitratus* 塔那河红疣猴 肯尼亚东南部

Ugandan red colobus *Piliocolobus tephrosceles* 乌干达红疣猴 中非

Tholan's red colobus *Piliocolobus tholloni* 楚阿帕河红疣猴 刚果

Niger Delta red colobus ***Procolobus epeini*** **尼日尔三角洲红疣猴 尼日利亚**

Olive colobus ***Procolobus verus*** **绿疣猴 西非中部**

长鼻猴（Proboscis Monkey 1种 亚洲）

Proboscis monkey *Nasalis larvatus* 长鼻猴 婆罗洲

叶猴（Leaf Monkeys 36种 亚洲）

Sarawak leaf monkey *Presbytis chrysomelas* 婆罗洲叶猴 婆罗洲

Java leaf monkey ***Presbytis comata*** **爪哇叶猴 爪哇**

Banded leaf monkey *Presbytis femoralis* 印尼叶猴 东南亚

White-fronted leaf monkey ***Presbytis frontata*** **白额叶猴**

Hose's langur *Presbytis hosei* 何氏叶猴 婆罗洲

Sumatran leaf monkey ***Presbytis melalophos*** **黑脊叶猴 苏门答腊岛**

Natuna Island leaf monkey *Presbytis natunae* 纳土纳岛叶猴 大纳土纳岛

Mentawi Island leaf monkey ***Presbytis potenziana*** **苏门答腊叶猴 明打威群岛**

Maroon leaf monkey ***Presbytis rubicunda*** **栗红叶猴 婆罗洲**

White-thighed leaf monkey *Presbytis siamensis* 白腿叶猴 东南亚

Thomas's langur *Presbytis thomasi* 托马斯氏叶猴 苏门答腊岛

Kashmir grey langur *Semnopithecus ajax* 克什米尔灰叶猴 克什米尔和尼泊尔

Southern Plains grey langur *Semnopithecus dussumeri* 南平原灰叶猴 印度

Hanuman or grey langur ***Semnopithecus entellus*** **印度灰叶猴 印度次大陆**

Tarai grey langur *Semnopithecus hector* 赫克托尔灰叶猴 喜马拉雅山麓

Black-footed grey langur *Semnopithecus hypoleucos* 黑足灰叶猴 印度西南部

Tufted grey langur *Semnopithecus priam* 缨冠灰叶猴 印度东南部和斯里兰卡

Nepal grey langur *Semnopithecus schistaceus* 喜马拉雅灰叶猴 喜马拉雅山麓

Javan langur ***Trachypithecus auratus*** **爪哇乌叶猴 印度尼西亚**

Tenasserim lutung *Trachypithecus barbei* 缅甸乌叶猴 缅甸和泰国

Silvered leaf monkey ***Trachypithecus cristatus*** **银色乌叶猴 东南亚**

Delacour's langur *Trachypithecus delacouri* 德氏乌叶猴 越南北部

Indochinese black langur *Trachypithecus ebenus* 黑叶猴印支亚种 老挝和越南

Francois' leaf monkey ***Trachypithecus francoisi*** **黑叶猴 东南亚**

Golden langur ***Trachypithecus geei*** **金色乌叶猴 印度西北部和不丹**

Indochinese lutung *Trachypithecus germaini* 印尼乌叶猴 东南亚

Hatinh langur *Trachypithecus hatinhensis* 越南乌叶猴 老挝和越南

Laotian langur *Trachypithecus laotum* 老挝乌叶猴 老挝

Niigiri langur ***Trachypithecus johnii*** **印度乌叶猴 印度西南部**

Dusky leaf monkey ***Trachypithecus obscurus*** **郁乌叶猴 缅甸、泰国和马来西亚**

Phayre's leaf monkey ***Trachypithecus phayrei*** **菲氏乌叶猴 东南亚**

Capped langur ***Trachypithecus pileatus*** **戴帽乌叶猴 印度西部和缅甸北部**

White-browed black langur *Trachypithecus poliocephalus* 黑头乌叶猴 老挝

Shortridge's langur *Trachypithecus shortridgei* 肖氏乌叶猴 缅甸北部

Purple-faced langur ***Trachypithecus vetulus*** **紫脸乌叶猴 斯里兰卡**

Pig-tailed langur ***Simias concolor*** **豚尾叶猴 明打威群岛**

仰鼻猴（Snub-nosed Monkeys 8种 亚洲）

Grey-shanked douc *Pygathrix cinerea* 灰腿白臀叶猴 越南

Red-shanked douc ***Pygathrix nemaeus*** **白臀叶猴 老挝和越南**

Black-shanked douc *Pygathrix nigripes* 黑腿白臀叶猴 柬埔寨和越南

Tonkin snub-nosed monkey ***Rhinopithecus avunculus*** **越南金丝猴 越南北部**

Black snub-nosed monkey *Rhinopithecus bieti* 滇金丝猴 中国云南

Grey snub-nosed monkey ***Rhinopithecus brelichi*** **黔金丝猴 中国中部**

Golden snub-nosed monkey ***Rhinopithecus roxellana*** **川金丝猴 中国中部**

Burmese snub-nosed monkey Rhinopithecus strykeri **缅甸金丝猴 缅甸**

附录二　俚语中的猴子

英语中“猴”（monkey）和“猿”（ape）两个词经常混淆，尤其是在早期出版的书籍中。“地中海猕猴”（Barbary macaque）被称为“地中海猿”（Barbary Ape）。后来，随着大猩猩、黑猩猩和红毛猩猩的发现，这种情况变得更加严重。那么现在真正的猿是什么样的呢？为了解决这个问题，我们将那些体型巨大的猿称为“巨猿”（Great Apes），从而与那些体型较小的猿区别开来。这些体型较小的猿都拥有另外的名字——至少科学家们这么称呼它们。

更加麻烦的是，法语里没有“猿”这个词。无论是小小的松鼠猴还是庞然大物般的大猩猩，都叫 singe（猴子）。法国作家皮埃尔·布尔（Pierre Boule）的科幻小说《人猿星球》（*Planet of the Apes*）首次在英国出版时，书名被译成了《猴子星球》（*Monkey Planet*），虽然书中讲的主要是黑猩猩。

和猴子有关的俚语至少有 94 个。其中大部分都是贬义，从爱管闲事、过于贪玩、调皮捣蛋、兽性花痴一直到低人一等。这些俚语的含义许多都很模糊，然而也有一些非常著名，例如：

猴儿冻（Brass monkeys） 意思是天冷得要命，连“黄铜猴雕像的睾丸都冻掉了”。之所以这么说，是因为旧时当铺里通常摆着几尊黄铜猴雕像。

猴子扳手（Monkey wrench） 一种可调节的扳手，机械工或者加油站工人（俗称“油猴子”，grease monkey）最常用的一种工具。有一种说法是，这种工具是以发明者查尔斯·蒙基

（Charles Moncky）的名字命名的，不过有人反驳了这种说法。

油猴子（Grease monkey） 汽车修理工的俗称，因为他们的脸一旦沾上机油，看起来很像一只猴子。

走廊猴儿（Porch monkey） 指待在走廊无所事事的懒人。

猴子（A monkey） 对有色人种的侮辱性称呼。通常为白人称呼黑人，或者黑人称呼白人。其含义为骂对方是低等生物。

猴子把戏（Monkey business） 意思是恶作剧，耍花招。

猴子礼服（Monkey suit） 燕尾服带有长长的尾巴，是过去男士的正式礼服，现在多为领班侍者或者正规服务生所穿，因此维多利亚时代晚期把男士的晚礼服称为"猴子礼服"。现在，任何正式的服装，不管有没有燕尾，通常都被称为"猴子礼服"。有时候这个词也用来指在特殊场合必须穿的讨厌的工作服。

猴子的叔叔（Monkey's uncle） 20 世纪 20 年代表示惊讶的一个词——"我将成为猴子的叔叔！"意思是："我的天呐！"

猴模猴样（Monkey see，monkey do） 源自猴子强烈的模仿能力，20 世纪 20 年代，这个词最先被用来警告一些行为可能会被旁观者盲目地模仿，因此应该禁止。

猴闹（Monkey around） 胡闹，乱搞，就像猴子看到任何东西都要瞎摆弄一番。

小猴子（Little monkeys） 淘气的小孩儿。

猴子屋（Monkey house） 从 20 世纪初开始，这个俚语就被用来指疯人院（现在称为精神病院）。

猴子（The monkey） 20 世纪 60 年代流行的一种舞蹈，其动作模仿猴子。

猴腺（Monkey glands） 1920年，外科医生谢尔盖·沃洛诺夫（Serge Voronoff）开始给一些希望返老还童的老年人实施手术，向他们的阴囊植入狒狒的睾丸组织。沃洛诺夫称，这种手术能有效地延长寿命，增强病人的性欲和记忆力，同时让他们保持充沛的体力。在20世纪二三十年代，成千上万的富人涌向沃洛诺夫，接受这种奇怪的治疗，为了满足对睾丸的需求，沃洛诺夫甚至不得不自己建了一个农场养猴子。“猴腺”这个词变得越来越流行，诗人E. E. 肯明斯（E. E. Cummings）形容他为“给百万富翁们体内植入猴腺的著名医生”。可是，到了40年代，由于受到医学界的广泛嘲笑，他的治疗方法很快变得无人问津。后来，有人甚至认为艾滋病毒可能是通过他植入人体内的猴子腺体而传染到人身上的。

背上的猴子（Monkey on one's back） 20世纪30年代非常流行的俚语，意思是“染上毒瘾”。瘾君子们无法摆脱海洛因的控制，就像有只猴子紧紧抓在他们背上，甩也甩不掉一样。

赌一只猴子（Bet a monkey） 在现在的赌博场所，这句俚语的含义是下500英镑的赌注。据说许多年前，钱比现在值钱得多时，它的含义是50英镑。然而对股票经纪人来说，这句话的意思却是50 000英镑，因为它指的是500股、每股100英镑的股票。有个巧妙的解释，解释了为什么“猴子”一词会有如此奇怪的用法。据说“猴子”在这里指的是一张以前的面值500卢布（rupee）的印度钞票，上面印着一只猴子。一般认为，是19世纪从印度服役归来的英国士兵最先把500这个数字和猴子联系起来，并把卢布改成了英镑的。

注　释

第一章　神圣的猴子

[1] William C. McDermott, *The Ape in Antiquity* (Baltimore, MD, 1938).

[2] Patrick F. Houlihan, *The Animal World of the Pharaohs* (London, 1996), pp. 95–108.

第三章　被鄙视的猴子

[1] William C. McDermott, *The Ape in Antiquity* (Baltimore, MD, 1938).

[2] H. W. Janson, *Apes and Ape Lore in the Middle Ages and the Renaissance* (London, 1952).

[3] Richard Barber, trans., *Bestiary* (London, 1992), pp. 48–50.

[4] Ann Payne, *Medieval Beasts* (London, 1990), pp. 36–8.

[5] Jacob Cats, *Spieghel van den Ouden Ende Niewen Tijdt* (Graven-Hage, 1632).

第四章　好色的猴子

[1] Ramona and Desmond Morris, *Men and Apes* (London, 1965), chap. 3, 'Apes as Lovers', pp. 54–83.

[2] Richard F. Burton, *The Book of the Thousand Nights and a Night* (Benares, 1885–8).

第六章　为人类所用的猴子

[1] 源自2007年6月28日北美解放新闻办公室（North American Liberation Press Office）代表动物解放阵线（The Animal Liberation Brigade，ALB），一个极端的动物权益组织发表的一份公告。

[2] Judith Janda Presnall, *Capuchin Monkey Aides* (NewYork, 2003).

第八章　猴子和画家

[1] Ptolemy Tompkins, *The Monkey in Art* (New York, 1994).

[2] Kenneth Clark, *Animals and Men* (London, 1977), plate 88, p. 131.

（画家后来于1798年临摹的那一幅。）

[3] Judy Egerton, *George Stubbs*, 1724—1806 (London, 1984), plate 85, p. 122.

（画家于1774年最先绘制的那一幅。）

[4] Yann le Pichon, *The World of Henri Rousseau* (Oxford, 1982), p. 163.

[5] 匈牙利画家 Jozef Rippl-Ronai, 引自 Paul Gauguin, ed. Marla Prather and Charles F. Stuckey (New York, 1994), p. 230。

[6] Jean de Rotochamp, 引自 *Paul Gauguin*, p.203。

[7] JohnRichardson, *PabloPicasso: Watercolours and Gouaches* (London, 1964), pp. 78–9.

[8] M. E. Warlick, *Max Ernst and Alchemy: A Magician in Search of a Myth* (Austin, TX, 2001).

[9] Werner Spies, *Max Ernst: Life and Work* (London, 2006), p. 88.

[10] Roger Berthoud, *Sutherland: A Biography* (London, 1982), p. 269.

[11] Andrew Sinclair, *Francis Bacon: His Life and Violent Times* (New York, 1993), p. 125.

第九章　作为动物的猴子

[1] J.A.R.A.M Van Hooff, 'The Facial Displays of the Catarrhine Monkeys and Apes', *Primate Ethology*,ed. Desmond Morris (London, 1967), pp. 7–69.

[2] Mary E. Glenn and Marina Cords, eds, *The Guenons: Diversity and Adaptation in African Monkeys* (New York 2003).

[3] Julie Macdonald, *Almost Human: The Baboon Wild and Tame* (Philadelphia, PA, 1965).

[4] 'Leopard Left for Dead by Baboon Troop', *Wilderness Safaris, Camp News*, 25 October2006.

地点: 利尼扬蒂（Linyanti）*。观察者: Thuto Moutloatse 和 Iris Pfeiffer。

[5] Thelma Rowell, *Social Behaviour of Monkeys* (London, 1972); Michael Chance, *Social Groups of Monkeys, Apes and Men* (London, 1970).

[6] 作者在伦敦动物园（London Zoo）亲眼所见。

* 位于纳米比亚。

第十二章　新发现的猴子

[1] 高地白眉猴（Highland Mangabey）* 是蒂姆·达文波特博士（Dr Tim Davenport）第一个发现的。达文波特博士是国际野生生物保护协会（WCS）南方高地保护计划（Southern Highlands Conservation Program）的负责人，他当时正领导着一个由诺亚·姆普安加（Noah Mpunga）、苏菲·玛察加（Sophy Machaga ）和丹妮拉·德·卢卡博士（Dr Daniela de Luca ）组成的野外调查小组。几乎同一时间，正在乌德宗瓦山脉（Udzungwa Mountains）诺敦都鲁森林保护区（Ndundulu Forest Reserve）开展调查的佐治亚大学（University of Georgia）灵长类动物学家卡罗琳·厄哈特博士（Dr Carolyn Ehardt）也独自发现了这一新的物种，厄哈特博士当时专注于保护这一带山地所特有的濒危动物——桑吉白眉猴（Sanje mangabey）。这种动物首先由理查德·莱兹（Richard Laizzer）发现，同时担任项目野外助理的生物学家特雷弗·琼斯（Trevor Jones）对这一新物种进行了仔细的观察，随后这种猴子被厄哈特和汤姆·布汀斯基博士（Dr Tom Butynski）认定为新的物种，布汀斯基博士是保护国际（CI）** 东非生物多样性热点项目（Eastern Africa Biodiversity Hotspots Program）的负责人。2004年10月，厄哈特和达文波特意识到彼此发现的是同一个物种，于是联手在《科学》（*Science*）杂志上发表了一篇论文。

* 对奇庞吉猴最初的称呼。

** 成立于1987年，是一家总部设在美国华盛顿特区的国际性的非营利环保组织，旨在保护地球上尚存的自然遗产和全球的生物多样性，以此证明人类社会和自然是可以和谐共处的。

第十三章　聪明的猴子

[1] 让·德·拉·封丹（Jean de La Fontaine）改编的《猴子和猫》（法语标题为*Le Singe et le chat*）是这个寓言故事最著名的一个版本，见1679年第二版的拉·封丹《寓言精选》（*Fables choisies, book IX,no. 17*）。

[2] Susan Perry and Joseph H. Manson, *Manipulative Monkeys: The Capuchins of Lomas Barbudal* (Cambridge, MA, 2008).

附录一　分类

[1] Conrad Gesner, *Icones Animalium* (1560), pp. 91–7.

[2] Edward Topsel, *The History of Four-footed Beasts* (London, 1658), pp. 2–16.

[3] H. O. Forbes, *A Handbook to the Primates* (London, 1896).

[4] G. B. Corbet and J. E. Hill, *A World List of Mammalian Species* (3rd edn, Oxford, 1991).

[5] Don E. Wilson and DeeAnn M. Reeder, *Mammal Species of the World* (3rd edn, Baltimore, MD, 2005).

参考文献

Aldrovandus, Ulysses, *De quadrupedibus digitatis viviparis* (Bologna, 1640).

Burton, Richard. F., *The Book of the Thousand Nights and a Night* (Benares, 1885—8).

Chance, Michael, *Social Groups of Monkeys, Apes and Men* (London, 1970).

Corbet, G. B., and J. E. Hill, *A World List of Mammalian Species* (3rd edn, Oxford, 1991).

Curtis, Deborah J., and Joanna M. Setchell, eds, *Field and Laboratory Methods in Primatology: A Practical Guide* (Cambridge, 2011).

DeVore, Irven, ed., *Primate Behavior* (New York, 1965).

Elliot, D. G., *A Review of the Primates*, 3 vols (New York, 1912).

Forbes, H. O., *A Handbook to the Primates* (London, 1896).

Gesner, Konrad, *Historiae Animalium* (Zurich, 1587).

Glenn, Mary E., and Marina Cords, eds, *The Guenons: Diversity and Adaptation in African Monkeys* (New York, 2003).

Groves, Colin, *Primate Taxonomy* (Washington, DC, 2001).

Hill, W. C. Osman, *Primates: Comparative Anatomy and Taxonomy*, 8 vols (Edinburgh, 1953—74).

Janson, H. W., *Apes and Ape Lore in the Middle Ages and the Renaissance* (London, 1952).

Kavanagh, Michael, *A Complete Guide to Monkeys, Apes and Other Primates* (London, 1983).

Macdonald, Julie, *Almost Human: The Baboon Wild and Tame* (Philadelphia, PA, 1965).

McDermott, William C., *The Ape in Antiquity* (Baltimore, MD, 1938).

Morris, Desmond, ed., *Primate Ethology* (London, 1967).

——, and Ramona Morris, *Men and Apes* (London, 1965).

Napier, J. R., and P. H. Napier, *A Handbook of Living Primates* (London, 1967).

—— , *The Natural History of the History of Primates* (London, 1985).

Perry, Susan, and Joseph H. Manson, *Manipulative Monkeys: The Capuchins of Lomas Barbudal* (Cambridge, MA, 2008).

Presnall, Judith Janda, *Capuchin Monkey Aides* (New York, 2003).

Preston-Mafham, Ken, and Rod Preston-Mafham, *Primates of the World* (London, 1992).

Redmond, Ian, *Primates of the World* (London, 2010).

Rowe, Noel, *The Pictorial Guide to the Living Primates* (New York, 1996).

Rowell, Thelma, *Social Behaviour of Monkeys* (London, 1972).

Sanderson, Ivan T., *The Monkey Kingdom* (London, 1957).

Schultz, Adolph H., *The Life of Primates* (London, 1969).

Tompkins, Ptolemy, *The Monkey in Art* (New York, 1994).

Topsell, Edward, *The History of Four-footed Beastes* . . . (London, 1658).

Wilson, Don E., and DeeAnn M. Reeder, *Mammal Species of the World* (3rd edn, Baltimore, MD, 2005).

Wolfheim, Jaclyn H., *Primates of the World* (Seattle, WA, 1983).